贝页
ENRICH YOUR LIFE

From Here to Financial Happiness

Enrich Your Life in just 77 Days

财务幸福
简明指南

77 天 点 亮 富 足 生 活

[美] 乔纳森·克莱门茨 ｜ 著　黄凡 ｜ 译校

Jonathan Clements

中国出版集团

东方出版中心

图书在版编目（CIP）数据

财务幸福简明指南 / (美) 乔纳森·克莱门茨著; 黄凡
译校. 一 上海：东方出版中心, 2020.3
    ISBN 978-7-5473-1561-3

Ⅰ.①财… Ⅱ.①乔… ②黄… Ⅲ.①家庭管理－财
务管理－指南 Ⅳ.①TS976.15-62

中国版本图书馆CIP数据核字（2019）第230602号

本书版权登记号：图字 09-2019-898号

财务幸福简明指南：77天点亮富足生活

责任编辑　王欢欢
封面设计　李双珏
版式设计　汤惟惟

出版发行　东方出版中心
地　　址　上海市仙霞路345号
邮政编码　200336
电　　话　021-62417400
印 刷 者　上海盛通时代印刷有限公司

开　　本　787mm×1092mm　1/32
印　　张　7.75
字　　数　145千字
版　　次　2020年3月第1版
印　　次　2020年3月第1次印刷
定　　价　45.00元

献给
朱恩、琼和杰瑞

序

　　要真正善用理财以实现人生富足，其实非常不易。为何？因为投资理财是一项逆人性的事业：人们总是追求高回报，希望实现快速致富，而真正可持续的富足来自财富的持续匀速积累；成功的理财要求我们"量入为出、量力而行、开源节流"，这与人们希望"随心所欲、挥洒自如、纸醉金迷"的生活状态相悖；财富保值增值的基本原则是"资产配置、分散投资、跟随市场"，人们追求的却是"孤注一掷、集中火力、战胜庄家"……

　　现实生活的投资理财实践中，人们追求的财富目标与实际结果往往大相径庭：以股市投资为例，一年五倍回报是许多投资人的愿望，然而能实现五年一倍回报的投资人已经能比肩公认的"股神"巴菲特了。

　　国人常找出"国内房地产一直涨"这样的反例来印证"集中投资，实现创富"的成功学。然而，投资理财是一场马拉松，一次或几次的冲刺并不能解决问题。投资理财的最终目标是财富的长期保值增值，而同一资产类别阶段性的超额高回报意味着后一段时间的低回报，因为任何一类资产的回报率长期而言就是一个均值。简而言之就是"朝三暮四"的游戏，早上吃多了，晚上就吃少，或是寅吃卯粮，前期透支未来，后期就得还债。

　　过去二十年，国内房价与物价持续上涨，除了经济发展速度快的因素外，就是"货币"现象了。以下的数据很能说明问题：

　　据中国人民银行2019年7月12日公布的数据，"**6月末，**

广义货币 M2 余额为 192.14 万亿元，同比增长 8.5%"。据美联储官网，截至 2019 年 7 月 1 日，**美元的 M2 是 14.819 4 万亿美元**。按 6.88 的汇率，美元的 M2 可折算为 101.9 万亿**人民币**。也就是说我国 90 万亿人民币经济体的货币供应是美国 21 万亿**美元**经济体的 **1.89 倍**。

　　回到 2001 年 2 月，美元的 M2 是 5 万亿美元；人民币的 M2 是 13.44 万亿人民币。当时的汇率是 8.3，美元 M2 总量是人民币的 3 倍。

　　从 2001 年 2 月到 2019 年 7 月，人民币 M2 从美元的 1/3，弯道超车变成美元的 1.89 倍了。如果这种趋势一直维持下去，我们似乎很快就可以把全世界买下来。然而，此等好事一定是无以为继的。

　　国内长期货币供应宽松，让当今国内投资人面临着"无限量的流动性对应有限的优质资产的矛盾"，也就是"有钱难找好的投资标的"的尴尬境地。此外，伴随房地产价格持续上涨的是整体债务水平的不断攀升，这构成了投资理财道路上的种种陷阱。

　　笔者因工作关系长期与经济条件较好的人士打交道并讨论投资理财的话题，深觉他们的投资理财现状有两个共同特征：第一，预期回报率高（15%~20% 的年化收益率才勉强可以接受）；第二，配置非常简单（大部分是房地产，还有一部分是"高收益理财产品"）。在未来，如以这样的姿势继续奔跑，很难躲过各种理财陷阱。

　　如何才能避免蹚进形形色色的理财陷阱？其实并不需要太高深的学问，只需要坚守以下这些自己不一定愿意接受的、但却是实实在在的常识即可：

1. 高的固定收益（目前在 10% 或以上）一定伴随着高风险。试想一下，GDP 的年增长率是 6% 左右，作为各行业精英的 A 股上市公司总体平均资产收益率只有 5% 左右。10% 以上回报率的投资项目非常难得。投资人要取得 10% 以上的固定收益，意味着借款人以 10% 以上的成本获得资金，投资回报率低于资金成本，显然是无以为继的。

2. 作为一般投资人，太好的东西是轮不到自己的。凭什么能取得比他人高的收益而不用承担风险？一旦仿佛是天上掉馅饼般得到好东西，就要琢磨一下，为何偏偏这么好的东西让自己得到了？这真的不是圈套吗？

3. 牢记"人类世界上从来就没有无缘无故的爱"。富裕人士的身边都不乏主动上门推荐"必涨股票"、承诺"高回报"、传授投资"必胜秘籍"、推销"最佳产品"的各色人等，然而他们一定不是要往您的口袋里塞钱的活雷锋，他们到您身边来的目的也并非是传经送宝，只是看中了您辛勤劳动而积累起的财富而已。

正如本书作者在结尾处画龙点睛指出的："如果你白天做自己喜欢的事，晚上和你所爱的人们共度良宵，那么你的生活是富足的——哪怕你并不富裕。"实现"富足"，必须有一定的财富作为保障。比如，当你不再喜欢自己的工作，你能有退出的自由，而这种自由的背后是你的财富实力。当然，仅拥有物质财富上的"富裕"，并不一定让人感觉"富足"。人们对财富的追求是永无止境的。然而，巨额的财富往往会带来更多的困扰。

得益于过去二十年的经济高速增长，国内涌现了大批靠实业勤劳致富的亿万富翁。同时也因资产泡沫而派生出无数的亿万富翁，这些靠胆大负债、投机取巧而成的亿万富翁的一个共同特征就是疲惫与焦虑。其实，从"亿万富翁"到"亿万负翁"就差一次货币收紧、股市下跌，或者"去杠杆"而已……在过去三年，这样的变身魔术已经在上演了。

不少人知道，投资理财的正道应该是通过适当的资产配置来取得与所承担风险相匹配的合理回报，避免把所有鸡蛋都放在同一个篮子里。然而，实践上真正做到知行合一的似乎并不多。因为大家都有战胜市场的情结，都觉得自己比其他市场参与者要强，能取得比市场平均水平更高的回报，但实际上，大家又都仅仅是普通人而已。

建议各位投资人，无论道行深浅，都谦卑下来，跟着本书的节奏，做好这个 77 天的修炼，然后，就如作者所教导的，通过开源节流、精心规划、坚定执行，以合理资产配置而去实现可持续的财务幸福吧。只有如此，才能跑赢投资理财这一场人生的马拉松，同时实现物质上的"富裕"与精神上的"富足"。

黄　凡

目 录

第**1**天　千里之行，始于足下

　　想要拥有更加幸福美好的财务生活吗？我只要你在接下来的77天里，每天给我5到10分钟。这期间，我有时会讲些简单的理财知识，有时会帮助你认识自己，有时会提出些简单易行的实操方法。

　　把阅读这本书当作一次促膝长谈吧，这是你我之间的私事，尽管你也应该把你的另一半请来（如果有的话）。你是否有过这样的经验：你跟一个人聊天，对方自吹自擂、口若悬河，而你连一句话都插不进去。这种事儿常发生，对吧？现在，尽管我是写这本书的人，但是你却应该扮演那个话匣子的角色。

　　记住我上面的话，放一支铅笔在手边。我希望在我们聊天结束后，这本书上将满是你龙飞凤舞的笔迹，和在旧笔迹上的涂抹修改。在未来的日子里，我们将一同去解读你对自己财务生活的预期，探究你对金钱的信仰，收集相关信息，采取必要行动，去追寻更美好的生活。

　　在这一过程中，你会掌握一些关于如何明智地管理好自己钱袋子的重要理念。这些理念并非仅涉及纯经济问题，相反，我们会用相当一部分时间从人性的侧面来探讨金钱——人的行为动机是什么，钱能为我们做些什么。希望在 77 天之后，你将不再视金钱为负担，而是把它当作生活的一部分，并且相信只要你稍加努力，它就会让生活变得更精彩，这是我发自内心的期望。

> **我们的目标不是去追求超常的投资回报，**
> **或者去证明自己是聪明人，或是让自己的家族富甲一方，**
> **而是要拥有足够的经济实力去过我们想要的生活。**

第2天　不容失败的财富积累之旅

　　从现在到退休，我们每个人都只有一次机会走完这段财富积累的旅程，我们经不起失败。即便你有心想让自己的余生继续发光发热，却不得不面对骨感的现实：总有一天，你的老板或是你自己衰老的身体会迫使你退出劳动大军，到那时，你需要有一笔丰厚的储蓄。

　　那么我们应该如何运筹先机，积攒起那么一笔能说得过去的储备金呢？在接下来的日子里，我们将聚焦一些简单易行、满是干货的攻略。

　　◎ 勤俭节约。

　　◎ 将债务控制在最低限度。

　　◎ 购买保险防范重大财务风险。

　　◎ 为失业未雨绸缪。

　　◎ 压低投资成本。

　　◎ 尽可能减少各种税金。

◎ 避免不必要的风险投资。

这些事看上去大都平淡无奇，却会产生令人兴奋的结果：沿着这条路走，你不仅会为自己在当下求得一份财务上的安心，而且还会为将来更加宽裕的生活上一份保险。

"可是我不想要宽裕，"你或许会回应，"我想要发大财。"

大富大贵是日积月累的结果，不可能一蹴而就，当然这要看你对此如何定义。

"但是，如果我去买当日交易股票，或者借一大笔钱购买出租房产，或者投资特许经营店，怎么样？"

没错，这些都有可能是快速致富的途径，但同时也可能是通往贫穷的捷径。永远不要忘记风险和不确定性的回报是密不可分的。如果一份攻略有可能让你赚得盆满钵满，那么它就有可能让你赔得底儿朝天。而且，风险系数最大的那个策略，其招致惨败后果的可能性也最大。我们的目标：让您安全、愉快地度过由此抵达退休的这段旅程。

生活不应该是冲动的买买买。
或许我们的理财计划还不够完美，
但总比根本没有计划好。

第**3**天　罗列愿望清单

如果钱不是问题，你打算对自己的生活作出怎样的改变？想把哪些东西买回来据为己有？想要去做哪些事？是愿意继续现在的工作，还是想来个事业大转型，还是想马上退休？打开你的脑洞，编织你的梦想，不管是大是小，请你把它们都写在下面。这些梦想不一定要和金钱有关，尽管金钱总难免会绕着弯与之有所瓜葛。

　　我不是在向你保证你的这些梦想都能变成现实，但你可以借此机会清晰地表达出自己想要的东西——这是你为找到自己最佳的理财方式所迈出的关键的第一步，同时又能激励自己放弃一些不必要的短期欲望。如果一个人想要对眼前的各种诱惑说"不"，那么就有必要让较长远的目标变得更具魅惑力。

　　在接下来的几周里，我们将把你罗列于此的这些愿望展开来，并且把它们分成三大类：日常花销、大件购置、重大的生活目标。这样做的目的是：对愿望清单进行微调，注入些现实的成分，以便于你能将精力集中在可行的梦想上，这些也是对你极为重要的东西。

> **人类总是无法安静下来：我们永远在焦虑，**
> **永远不知足，永远向前冲，**
> **永远在试图预卜未来。**

第**4**天　认清自身的五个关键弱点

人类是倾向于自信的一群生物，自信是一种有用的特质。自信的人通常更幸福，适应力更强，也更容易事业有成。但是，在管理钱财这件事上，自信就远非那么有用了。想要避免理财方面的重大失误吗？那就先让我们承认自身的五个关键弱点。

第一，我们不一定清楚自己对生活的真正期许。我们选定了一项职业，事后才意识到它并不适合自己。我们买了房，却发现它没有让自己的生活变得更幸福，而是更艰难了。我们对某款豪车垂涎已久，终于弄到手后却发现，它远不能像想象中的那样提高生活质量。我们在生活中究竟想要什么？这是一个需要深度思考的问题。也正因如此，我们在后面几周里将要多次讨论这个话题。

第二，我们无法预知未来。我们以为明天会和今天一样，然而生活可能会在一眨眼之间发生天翻地覆的变化。我们除了会有像遇到未来的伴侣、意外发现梦想中的房子、添丁接福这样的惊喜外，也可能会不幸失去工作、得一场大病、遭受亲人的离世、离婚等。我们大多数人都有惊人的应对变化的能力，而且应变速度令人叹为观止。然而在接下来的日子里你会了解到，这种能力其实是把双刃剑。

第三，我们对金钱的期望值过高。没错，薪水越高，财富越多，越能改善我们的生活，但是盲目地追求财富、肆意地挥霍金钱不一定能买来幸福，甚至还可能会适得其反。如果在追求事业的发展与成功上投入的时间太多，陪伴朋友和家人的时间势必会减少，而后者是构成幸福的关键因素。如果我们花钱不假思索，所积累起的财产就会需要大量无休止的维护，而这无疑更是种负担，而不是件幸事。

第四，我们缺乏自律。如果有一笔钱，让我们选择是今天花出去，还是存起来以备未来之需，我们会很快作出牺牲未来的决定。事实上，许多人似乎都沉溺在虚幻的心存侥幸之中，想象着会有几笔高额的投资回报，哪位姑妈留下一笔丰厚的遗产，或者下一次购买的彩票能帮助他们脱离未来的财务困境。但这些事情大都不太可能会发生。想要积累财富吗？对于我们大多数人来说，认认真真地把钱在账户里存放三四十年，才是通往富裕的正路。

最后，我们会高估自己的投资才能。尽管几乎可以肯定，我们实际上不懂得挑选具有超常投资回报的股票，而且也不太可能找到能够替我们这么做的人。我们可能也做不到通过迅速炒房、交易期权或投资自己亲朋好友的创业公司来积累财富。简而言之，我们不会快速致富，但是，依靠耐心和韧劲儿，我们就可以积累起足够的财富，过上舒适的生活。

> **谦卑的人不一定会"承蒙神的额外眷顾"[1]，**
> **但他们完全有可能做到安逸地退休。**

---

1. 原文"The meek may not inherit the earth"是对《圣经》中"Blessed are the meek: for they shall inherit the earth."的演绎。——编者注

第**5**天　两条通用的理财建议

　　与理财顾问们交谈时，他们会对你说，每个人的财务状况都不一样，所以不存在任何放之四海而皆准的解决方案。这话大体上是对的。但是，依旧有两条适用于所有人的建议存在，如果你还没有遵行，那么，是时候开始了。

　　第一条建议：如果你选择了一项 401（k）计划 *，或类似的由雇主出资的退休储蓄计划，而且其中包含雇主配合供款的规定，那么你投入这一计划中的钱，应该至少能足以获取最高限度的雇主配合供款。比如说，如果你存入退休计划账户的钱达到了年薪的 6%，那么你的雇主就需要缴付这一比例的 50% 作为配合供款，也就是说，如果你缴付 6%，你的雇主就要跟进 3%，加起来就是 9%。这就相当于你的这笔投资获得了 50% 的即时回报。还没有按 6% 存入？今天就去行动吧。不存入足够的资金以便获得 401（k）计划规定的最高配合供款，可谓是最愚蠢的理财错误之一。

　　第二条建议：永远都不要让信用卡上有逾期欠款，这是另一个最愚蠢的理财错误。你的信用卡可能会对未还账单收取 20% 的利息，甚至更多。从长远来看，这笔钱远远超过了你可以从投资中获得的回报，甚至包括对股票市场的投资。现在你的信用卡上有欠款吗？记住，一定要将还清这笔钱当作重中之重。

□ 是的，我向雇主的退休计划账户中预存的供款，足以获得雇主的最高配合供款。

□ 是的，我已经还清了所有的信用卡账单，抑或是我已经有了尽快还清信用卡账单的计划。

你可以让信用卡逾期欠款，
也可以把钞票扔出窗外，二者是一回事。

个人理财工具箱 　　　　　　　　　　　　　　　× ｉｌｉ

* 401（k）计划

** 企业年金计划

* 美国 **401（k）计划**是企业年金性质的养老计划。美国的养老金分为两个部分：一是国家层面的社会保险金，相当于中国的养老保险，保障就业者退休之后基本的养老生活；一是企业的养老金计划，401（k）计划仅是其中的重要组成部分。按该计划，企业为员工设立专门的 401（k）账户，员工每月从其工资中拿出一定比例的资金（这部分资金豁免个人所得税）存入养老金账户，而企业一般也按一定的比例（不能超过员工存入的数额）往这一账户存入相应资金。与此同时，企业向员工提供 3~4 种不同的证券组合投资计划，员工可任选一种进行投资。员工退休时，可以选择一次性领取、分期领取和转为存款等方式使用 401（k）账户中的资金。

** 与美国 401（k）计划相类似，我国不少企业也已经开始为员工设立以退休资助为目的的**企业年金计划**，即企业及其职工在依法参加基本养老保险的基础上，自愿建立的补充养老保险制度。这其实就是企业员工"不要白不要"的福利，如果你所在的企业提供企业年金计划，建议坚决加入。

第**6**天　善用复利：以钱生钱

昨天，我苦口婆心地讲述了一番，建议你应该投资 401（k）计划，还应该还清信用卡账单。为什么呢？因为无论任何情况发生，这二者都会展示出强大的**复利**神功。

复利是一个让财富增值的过程。每年，我们不仅可以从原始的投资中获得回报，还可以从存在于账户里的前几年的收益中获得回报。

假设我们的资金年收益 6%，如果投资 1 000 美元但没有复利，我们每年将会收益 60 美元，10 年后的收益是 1 600 美元，20 年后是 2 200 美元，30 年后是 2 800 美元。然而如果加入复利，实际的数字就要大得多——10 年后为 1 791 美元，20 年后为 3 207 美元，30 年后为 5 743 美元。

这 30 年后的 5 743 美元是在没有复利的情况下所积累的 2 800 美元的两倍多。这就意味着，大约有一半的最终账户余额是来自原始的 1 000 美元的投资收益，而另一半则是从投资收益中获得的投资收益。把投资收益保留在账户中，让它们继续生出更多的收益，这是不是很酷？

　　此外，如果我们向含有雇主配合供款的 401（k）计划中存款，就会享有从自己投资的资金和雇主提供的资金上获得的双份复利。随着时间的推移，其结果会是惊人的。假设我们在 401（k）计划中每年存入 5 000 美元，并持续 40 年时间，而同时雇主需要提供 50% 的配合供款，那么我们每年就能额外收入 2 500 美元。假设回报率为 6%，40 年后我们的收益将超过 120 万美元。如果我们把为退休准备储蓄的时间推迟 5 年，那么 35 年储蓄和投资的结果会怎样呢？这一拖延会让我们付出沉重的代价：退休时所得的收益将会减少 28%，结果相当于 34.4 万美元的经济损失。

　　信用卡债务和时间的组合也有可能产生同样惊人的结果，当然那是信用卡公司收获的结果。如果你有 1 000 美元的信用卡逾期欠款，并且欠款年利率是 20%，在未来五年内你将需要支付 1 488 美元的利息。想一想：我们买了 1 000 美元的商品，而最终竟花费了 2 488 美元。当然，卡上的未还欠款还会让这一账单上的金额逐年攀升。

今朝的痛快——花钱、吃垃圾食品、纵情狂饮——往往是明日的痛苦。

第**7**天　警惕本能的消费冲动

如果我们选购了一件商品，就没有办法再用这笔钱买其他东西了。如果我们今天把钱花掉，就不可能再把它留给明天。如果我们下定决心要买那所大的房子，就不得不在其他目标上打折扣，比如子女上学，以及自己的退休生活。

我们的经济生活里充满了一连串无休无止的权衡取舍。每一次特定的消费，都意味着对另一些东西的舍弃。这里面存在着经济学家们所称的**机会成本**，但是人们还是很少会去认真考虑那些被放弃了的机会。

怎样才能充分利用好我们手里的钱呢？每次打开钱包，浮现在脑海里的应该不仅仅是自己将要得到的东西，还应该包括我们将要放弃的东西。不幸的是，能做到这一点绝非易事，原因有二。

首先，人们对摆在眼前的东西特别容易感到兴奋，一旦心血来潮，便会冲动消费。而且那股兴奋劲儿力大无比，会把其他的可选项全部从你的大脑里赶出去。有一个办法可以抑制冲动：按下暂停键。我们可以让自己缓一缓，等上 24 小时，或者如果是在购买大件，等上一两个星期，甚至哪怕只是离开商店 10 分钟，也能让我们的头脑稍微冷静下来，再去审视摆在面前的选择。

可惜这个方法不一定总能奏效。为什么？因为还有另外一个因素促使我们忽视钱的其他用途：我们会本能地想在今天就把钱花掉，而不愿意等到下个月或者下一年。

经济学家们称这种现象为**双曲贴现**[1]。科学实验证明，人们更乐意选择当天就能获得的较少的报酬，而放弃一年后才能得到的丰厚得多的报酬，哪怕后者在一年后能切切实实地带来超高的回报。为了确保不犯错误，对于那些驱使我们今天就把钱交出去的冲动，就要时刻警惕。同时，多想想那些深思熟虑的人所获得的更大的收益。

小诀窍：如果想关注未来的更大收益，我们还应该思考这样一个问题——假如我们选择满足今天即刻的欲望，我们不得不为此放弃多少东西。人类有一种**损失厌恶**的倾向，也就是说，我们从损失中得到的痛苦要远远大于从收获中得到的快乐。所以，如果把今天小的回报视作一种损失，会帮助我们遏制住那些最糟糕的本能。假设你今年 30 岁，你每花 1 元钱，就有可能意味着丢弃了你未来退休金里面的 4 元钱——也就等于说，你有四分之三的钱打了水漂。

---

1. 双曲贴现又称为非理性折现，是行为经济学的一个重要部分。双曲贴现指的是人们面对同样的问题，相较于延迟的选项更倾向于选择及时的。在决定要做出什么样的选择时，拖延的时间是一个重要的因素。——译者注

如果你总是在竭力和邻居攀比物质生活，那么，你将会被那些账户上有七位数但不虚华卖弄的邻居越甩越远。

Day

From Here
to
Financial Happiness

01

七
天
小
结

A week
Summary

07

1 清晰地表达出自己想要的——这是找到最佳理财方式的第一步，同时又能激励自己放弃一些不必要的短期欲望。

2 为避免理财方面的重大失误，我们应承认自身的五个关键弱点：
① 我们不一定清楚自己对生活的真正期许；
② 我们无法预知未来；
③ 我们对金钱的期望值过高；
④ 我们缺乏自律；
⑤ 我们往往会高估自己的投资才能。

3 复利+时间，会展示出强大的财富增值效果。基于此，存在两条适用于所有人的理财建议：
① 加入由雇主出资的退休储蓄计划（如企业年金计划），并存入足够的资金以便获得规定的最高配合供款；

② 永远都不要让信用卡上有逾期欠款。

4 利用人类的损失厌恶倾向，将即刻的小回报视作未来的大损失，以遏制本能的消费冲动。

第**8**天 你有多幸福？

如果有人问你，从总体上看，你对近期的生活感觉如何，你的回答会是哪一个？

☐ 非常幸福

☐ 还算幸福

☐ 不太幸福

自 1972 年以来，这个问题始终作为"美国综合社会调查"的一部分被定期提出。2016 年的调查结果显示，30％的美国人表示他们非常幸福，55％的人认为自己还算幸福，14％的人不太幸福。尽管其间美国按平均通货膨胀调整后的人均收入增长了一倍以上，但是自从 44 年前启动这项调查以来，其结果居然始终没变。

换句话说，尽管生活水平的显著提高是有目共睹的——更多的收入、更完善的医疗服务、更好的汽车、更大的房子、更尖端的技术，然而从调查结果来看，人们的幸福程度却纹丝不动。这给我们提出

了一个关键问题：钱能买来幸福吗？如果不能，为什么？

为什么我们很少存钱？
因为我们高估了金钱所能买到的幸福。
但是人总还是能够吃一堑长一智的，但愿如此。

第**9**天　对抗享乐适应征

昨天，我们谈及了美国综合社会调查。为什么我们的幸福感没有随着生活水平的提高而一同攀升呢？问题的症结在于一个心理学概念——**享乐适应**[1]，或称**快乐跑步机**。

我们总是幻想着，如果有一天能乘坐游轮在加勒比海上畅游，或者买一所更大的房子或是一部更快的车，或者老板给自己既升职又加薪，我们会比现在幸福得多。如果这些事情真的发生了，我们确实是会感到比原来幸福——但那种幸福感会稍纵即逝。很快，当游轮旅行结束后，我们会把它忘到九霄云外。不消多时，我们就会对这些更大的房子、更快的车和更高的薪水习以为常，对它们视而不见。继而，我们又会移情别恋——去追求再一次的升职，或者一座度假别墅，或是比现在这辆还要快的车。

这一切看上去有些令人沮丧，但是请记住两件事。

---

1. 享乐适应，或称快乐跑步机，是指当环境的改变给人带来快乐时，人们通常会很快习惯环境的改变，恢复到平常的快乐程度。——编者注

首先，虽然我们可能会很快将工作中的晋升和新近的购置视为理所当然，但是，在追求这些目标的过程中，我们却享受到了无比的快乐。为争取升职而努力奋斗的过程，曾给我们带来了极大的满足感，那购置新房时的期待，也曾让我们兴奋不已。尽管事实已经证明，目标的终点可能并不像人们所期望的那么令人兴奋，但是通往目的地的旅程却是其乐无穷的。

其次，有一些办法可以用来对抗享乐适应征。我们可以花上一两分钟，回味一下自己刚刚听到升职消息的那一刻；从自己的车子里走出来时，我们可以驻足片刻，想一想能拥有这么酷的一辆车是多么的幸运；我们可以重温一下去年度假时拍的照片，让游轮上尽兴开怀的时光重回记忆。

持久的幸福在于日复一日、年复一年地重复着有意义的工作，无论你会获得怎样的赞美与荣耀。

第10天 列出财务烦恼清单

一周前，我们谈到了你的梦想。今天，我们要谈谈你的烦恼。请将你在财务方面最主要的担忧写在下面：

有什么办法可以缓解这些烦恼吗？显而易见的答案是：拥有更多的钱。但显而易见的答案不一定就是正确的答案。如果你问大家，在他们眼里一个人要拥有多少钱才可以算作富人，人们通常会给你一个比自己现有的资产大好几倍的数字，无论他们现在的身价是 2 万美元还是 200 万美元。

　　这件事告诉我们：单凭更多的钱或许无法缓解我们在财务方面的烦恼。而更好地了解自己的财产、简化资金、严控支出、偿还欠款、改变投资方式、多思考自己需要什么而少去想自己想要什么，这些或许才是医治烦恼的良方。这一切都会增强我们的掌控感，而掌控感正是快乐的关键因素。

如果我们频繁地过度消费，那么所购之物将永远无法抵偿我们因此而感受到的紧张压力。

第**11**天 将债务控制在最低限度

昨天的那份烦恼清单里是否包含了你的各种债务？把下面的五项信息填好后，我们就可以看出你目前的财务状况了。首先计算出你的所有"其他债务"的还款总额，包括汽车贷款、学生贷款以及信用卡上要求支付的最低还款金额——尽管你应该努力让自己的实际还款额始终远远超过那个最低还款限额：

□ 你的税前月收入：¥[1]

□ 房屋按揭贷款月供金额：¥

□ 所有其他债务的月还款总额：¥

□ 借助计算器，用房屋按揭贷款月供金额除以月收入，再将结果乘以 100，将其转换为百分比：%

□ 借助计算器，用所有其他债务的月还款总额除以月收入，再将结果乘以 100，将其转换为百分比：%

---

1. 原文为"$"，下同。——编者注

与贷款方交流时，对方会告诉你，你的房屋按揭贷款月供总金额，其中可能会包括房产税、业主保险费等，不应该超过你的税前月收入的28%。[1]而你的其他债务呢？对这类债务的还款总额或许不应该超过税前月收入的10%，尽管对于一个刚刚毕业同时又借有学生贷款的大学生来说，保持低于这个限度，确实不是件容易的事。

如果你的实际还款比例远远高于上述水平会怎样呢？摆在你面前的任务将会是艰巨的。这里送你六条建议：

1. 停止使用信用卡，让自己进入省钱模式，防止你的开销超过所得的收入。

2. 集中力量偿还利率最高的债务，这种债务通常是信用卡欠款。

3. 如果你有一些接近要还清的贷款——比如学生贷款或者汽车贷款——最好加紧清偿这些债务，哪怕这些贷款的利率相对较低。如果你能从这些月度债务中脱身，你的现金流会即刻得到改善。

4. 如果你有联邦助学贷款，去试试看你能否从一些基于收入的还款计划中受益。

5. 如果你拥有自己的房产，并且累积起了一定量的房屋资产

---

1. 美国、加拿大等地的银行在发放房贷前会评估借款人的还款能力，要求每月的月供总额不能超过其税前收入的28%，否则不予放贷；而国内的银行在发放房贷时并没有按此硬性标准来衡量借款人的负担能力，因此国内"房奴"们往往承担了过重的房贷月供负担，既影响消费能力，也影响生活质量。——译者注

净值，那么你就可以利用这一信贷额度去偿还较高成本的债务，比如汽车贷款和信用卡欠款。

6. 研究如何更改包括房产、汽车和学生贷款在内的所有贷款的条款。即使你无法降低还贷利率，你还可以延长还款期限，从而有望减少你的月付额度。该方法的缺点：贷款期内你最终需要支付更多的利息。

如果你真的是债台高筑，除非采取更为极端的行动，否则根本找不到出路，那该怎么办呢？如果需要找一家信誉良好的非营利性信贷咨询机构，可以试一试美国财务咨询协会（FCAA.org）或国家信贷咨询基金会（NFCC.org）（请他们帮忙给一些建议）。

如果省钱是迟到的满足，

那么借钱则是被推迟的痛苦。

第12天 回顾过去的理财举措

你所实施过的三个最明智的理财举措是什么？ 这些举措可以是你采取的具体行动，或者是你养成的理财习惯。

哪三个理财行动在你看来是自己最大的失误？ 这些行动可以是你做过的事，也可以是你没能做到的事。

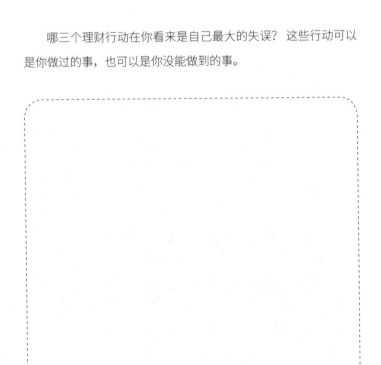

我们通常会用一个简单粗略的标准去判断自己的财务选择——能否让我赚到钱。但这一判断标准可能会招致错误的反馈信息，让不良行为蒙混过关。

第13天　把握住可控因素

　　翻看一下昨天列出的明智之举和愚蠢行为清单。现在，问自己一个问题：你的明智之举是否真的明智，而你的愚蠢行为是否真的愚蠢？

　　举个例子，一个人偏偏要在 2007—2009 年股市大崩盘之前将一大笔资金转入股市，这种行为看似愚蠢，但是，有谁能预知股票即将崩盘呢？我更愿意相信，这不是行为愚蠢，而是运气不佳。

　　在现实世界里，经济生活中的某些因素是不可控的，所以运气在其中扮演着一定的角色。我们无法预知明天的金融市场是否会暴跌；我们无法掌控自己是否会得一场大病，并且需要支付一笔昂贵的医疗费；我们无法阻止雇主关掉某个部门，并且解雇所有的员工。

　　听上去很糟糕是吧？虽然我们无法控制这些事情的发生，但是我们可以通过设计一个风险性并不太高的投资组合，来为之未雨绸缪，我们还可以购买额外医疗保险，可以让自己的经济状况能够承受得起长期的失业。

　　除此之外，经济生活中还存在着某些可控的因素，在此我们有机会作出选择要么成就要么损伤自己未来的经济生活。入职后立即申请加入雇主的 401（k）计划就是明智之举。疯狂消费、透支信用卡就是愚蠢的行为。对这两件事的决定完全掌握在我们自己的手中。

　　此外还有哪些因素是可控的呢？请回顾一下我在第 2 天给出的一系列简明扼要的干货策略。自己能存多少钱、负担多少债务、购买哪种保险、投资的成本、投资组合的风险，以及我们是否会通过充分利用退休账户来减少税负，对于这些我们还是有相当大的控制力的。这些方面会让我们事半功倍，稍加努力，就能为我们带来不菲的回报，而且还能让我们获得更大的财务安全感。

　　同样道理，我们还可以通过坚持做自己真正理解的、简单的投资，让自己的财务生活更多几分安心，这是我们明天将要讨论的话题。

短期内，许多傻瓜都能从股市里赚到钱。
但从长远来看，低成本和理智的冒险
才是保你最后胜出的王道。

第**14**天 谨记最简投资法则

金融市场让人神魂颠倒，充斥着牛气冲天的股票、伶牙俐齿的专家、令人惊呼的产品、热门的基金经理，以及每个交易日都在上演的变幻莫测的戏剧性场面。我的建议是：尽情欣赏这场表演，但是如果你真想赚到钱，就要小心不要被兴奋冲昏头脑。

事实上，简单、便宜才是财富管理的最佳利器。如果你不懂某个产品，就不要购买。如果你没有完全理解某个策略，就不要采用。如果投资成本过高，就去寻找更便宜的其他选项，或者干脆略过。这些话在实际操作中意味着什么呢？下面列出一些简单的金融产品，可以作为您家庭经济储备库的极好补充：

◎ 指数基金*

◎ 交易所交易基金（ETF）

◎ 高收益率储蓄账户

◎ 定期存单

◎ 长期国债

◎ 401（k）计划

◎ 个人退休金储备账户

◎ 医疗保险账户

◎ 定期人寿保险

◎ 积分信用卡

◎ 常规抵押贷款

◎ 房屋净值信贷

　　那么哪些产品是需要避免的呢？以下这些产品和策略或昂贵或复杂，或两者兼而有之，其中许多是华尔街大力推介的，而这本身就是一个警告信号：

◎ 变额年金 **

◎ 现金价值人寿保险 ***

◎ 股票指数年金 ****

◎ 结构化产品

◎ 对冲基金

◎ 杠杆型交易所交易基金

◎ 期权交易

◎ 日间交易股票

◎ 做空股票

◎ 市场时机选择

◎ 用融资账户借钱购买股票

◎ 只还利息的贷款

我很想让第二个清单覆盖面更大一些，增加一些不一定复杂或者昂贵的产品，但很可能会令人失望。如果真的扩展，那份清单还应该包括主动式管理基金、个股、首次公开发行的股票、封闭式基金和各类信托计划等。要旨：如果你能专注于第一个清单上的产品，同时避开第二个清单上的产品和策略，你将遥遥领先于大多数的其他投资者，而且更有可能在财务上取得成功。

在"前景看好"和"非常危险"的产品清单中，你分别拥有哪些产品？将它们列在下面：

前景看好	非常危险
_____	_____
_____	_____
_____	_____
_____	

在金融领域，复杂虽然可能意味着精密，但这更可能是哄骗和敲诈投资者的把戏。

个人理财工具箱 ✕

* 指数基金

** 变额年金

*** 现金价值人寿保险

**** 股票指数年金

* 指数基金（index fund），顾名思义就是以特定指数（如沪深300 指数、标普 500 指数、纳斯达克 100 指数、日经 225 指数等）为标的指数，并以该指数的成分股为投资对象，通过购买该指数的全部或部分成分股构建投资组合，以追踪标的指数表现的基金产品。通常而言，指数基金以减小跟踪误差为目的，使投资组合的变动趋势与标的指数相一致，以取得与标的指数大致相同的收益。

（1）按复制方式，指数基金可分为：

◎ 完全复制型指数基金：力求按照基准指数的成分和权重进行配置，以最大限度地减小跟踪误差为目标。

◎ 增强型指数基金：在将大部分资产按照基准指数权重配置的基础上，也用一部分资产进行积极的投资。其目标为在紧密跟踪基准指数的同时获得高于基准指数的收益。

（2）按交易机制，指数基金可分为：

◎ 封闭式指数基金：可以在二级市场交易，但是不能申购和赎回。

◎ 开放式指数基金：不能在二级市场交易，但可以向基金公司申购和赎回。

◎ 指数型 ETF：可以在二级市场交易，也可以申购、赎回，但申购、赎回必须采用组合证券的形式。

◎ 指数型 LOF：既可以在二级市场交易，也可以申购、赎回。

指数基金的优势在于：

◎ 指数基金不需要主动管理，交易费用低、管理费用低，因而长期回报潜力较高。而且能有效地规避投资者的非系统性风险（个股风险）。

◎ 海外投资中，"简单的往往是最有效的"。普通投资者在海外投资的实践中，也能通过使用不同类别的指数基金达到投资目的。

◎ 不同资产类别（如各地上市的股票、债券、大宗商品、贵金属等）的配置可以通过不同的指数基金（例如 ETF 产品）来完成。

各类指数型基金可以通过代销的商业银行、证券公司、独立的基金销售机构，或大的电商平台进行认购。然而，如何选择、以何种比例配置不同的指数型基金才合适，确实因人而异。就如在医院、药房都能找到不同的药品，至于如何配处方，则需要医生作出诊断并对症下药。同理，除非你是专业理财顾问，否则建议在认购基金前咨询你信任的理财师，让他（她）根据你的具体财务现状及理财目标给出合适的方案。

**变额年金，是指年金保险的种类之一。该保险方式下，被保险人交付年金保险费后，保险人在年金给付期内，每年按其积累的准备金、投资的资产市场价格计算确定当年应付年金数额，被保险人则领取每年数额不断变动的年金。设立变额年金的目的，是为了防止物价上涨、货币贬值给年金领取人造成生活困难。变额年金通常采用延期给付方式。保险公司把收取的保险费计入特别账户，主要投资于公开交易的证券，并且将投资红利分配给参加年金的投保者，保险购买者承担投资风险，保险公司承担死亡率和费用率的变动风险。对投保人来说，购买这种保险产品，一方面可以获得保障功能，另一方面可以以承担高风险为代价得到高保额的返还金。因此购买变额年金类似于参加共同基金类型的投资，如今保险公司还向参加者提供多种投资的选择权。

由此可见，变额年金保险主要可以被看作一种投资，而非保障。通常，把保险产品用于保障需求，而把基金、债券、股票等投资工具用于财富保值增值更为简单直接。

*** 现金价值人寿保险是人寿保险中的一大类。这类产品除提供纯粹的人寿保险外，还在保单内建立了现金价值或者投资价值，即在支付保险费用后，保险公司将保费的剩余部分放入支付利息的内部基金。此类人寿保险的价值成长特性使得保险公司可以为客户终身保持保费价。现金价值人寿保险主要有三种：终身人寿保险、变额人寿保险和万能人寿保险。

以终身人寿保险为例，除了提供纯粹的人寿保险，还在保单内建立了现金价值或者投资价值，这种内部价值建设不受收益所得税的影响。客户在保单的存续期内，可申请以现金价值赎回，同时保单所有者可以以此举债。有比较灵活的、兼顾保险与投资的多重功能。然而，由于设计较为复杂，管理成本也高，因此内含的费用支出也高。

**** **股票指数年金**（equity index annuity, EIA），近年在欧美比较流行。它是在普通年金的基础上，加上与某些指定的股票指数挂钩的浮动收益。有些投资者觉得固定年金单靠利息收益，长线增长较股票市场平均增长低，但又怕投资股票类别风险高。对这类投资者来说，EIA 是一个两全的选择。然而，由于 EIA 设计复杂，内含成本较高，因此多数情况下长期投资下来的结果不如直接持有固定收益。

Day

08

七天小结

A week

Summary

14

1 享乐适应心理注定了我们的幸福感不会随着生活水平的提高而一同攀升。可以试着这样对抗享乐适应：
回味我们为曾经的目标付诸努力的过程，或目标达成的初体验。

2 缓解财务烦恼的关键：
更好地了解自己的财产、简化资金、严控支出、偿还欠款、改变投资方式、多思考自己需要什么而少去想自己想要什么。

3 经济生活中的某些因素是不可控的，如股市的崩盘、突如其来的大病等。
我们需要做的是把握住可控因素，如控制债务、压低投资成本、减少税负等。

4 简单、便宜才是财富管理的最佳利器。
要坚持做自己真正理解的、简单的投资，如指数基金、交易所交易基金、长期国债等简单的金融产品；同时避开变额年金、现金价值人寿保险、股票指数年金等或昂贵、或复杂的金融产品。

第15天　追忆逝去的幸福时光

时光的流逝会粉饰记忆，我们倾向于忘记曾经的挣扎和烦恼，而只关注那些"高光"时刻。尽管如此，我依旧不愿回到过去，我猜这也是你的想法。或许是因为我们有些鄙视那个更年轻、更鲁莽的自己，因此我们再也不想成为那个人了。

但即使你不想让昨日重现，你或许还可以回想起记忆中的某个非常快乐的时刻，甚至可能比现在还要快乐。

☐ 发生在什么时候？

☐ 你当时在做什么？

☐ 你和谁在一起？

☐ 金钱对促成这一快乐时光有多重要？

☐ 你能从这段较快乐时光中获得哪些启迪，用来指导你今天对如何充分利用时间和金钱的思考？

这个练习的意义何在？它可以帮助你弄清楚，在几年甚至几十年前是否存在过一些你曾为之激情澎湃，却又任其消失的东西。这些你曾酷爱的东西或许是你另选职业，培养一项有趣的业余爱好，或者丰富退休生活的基石，而这些会极大地提升你未来的生活质量。

想要更深入地享受生活吗？
放下遥控器，慢慢远离电视机，行动起来，
在行动中做一名参与者，而不是观察者。

第**16**天　越活越通透

研究表明，人的一生中的幸福感往往呈现"U"形趋势。成年生活刚开始时，会表现出相当高的幸福感，但是在二十多岁和三十多岁期间，幸福感开始一路下滑，到四十多岁时触底，随后又由此反弹。

造成幸福感的这种下降和回升的原因是什么？没有人知道确切的答案。一种可能性是：在成年生活的早期阶段，我们更倾向于关注来自外部的奖赏。我们想要得到升职和加薪，想要拥有成功的物质象征，比如一座漂亮的房子、一辆豪华的车子。许多人得到了这一切之后才发现，这些东西并没有给自己带来期望中的满足感。

实际上，事实可能恰恰相反。我们得到了升迁，却发现压力更大了。买到了渴望已久的房子，却发现自己深陷于无休止的房屋维护和维修之中。人的不满情绪通常在四十多岁时达到顶峰，即所谓典型的中年危机。

进入这个年龄段后，许多人开始重新思考自己的生活。或许，为升职而奋斗并不是一条幸福之路。相反，做自己喜欢的工作才是最重要的。或许，更多的财产不一定会给我们带来更多的幸福。相反，我们或许应该把钱花在各种人生体验上，尤其是与家人和朋友共享的体验，因为那些是能让人的幸福感超级放大的时刻。

要点：随着年龄的增长，人们会越来越不在意如何能争取他人的认可——无论是通过工作中的积极上进，还是通过炫耀身份的象征物——而是把目光投入到对自己重要的事情上。

> **人生体验和私有财产，哪一个更值得购买？**
> **人生体验带来的是美好的回忆，**
> **私有财产送来的是维修的账单。**

第**17**天　理清固定生活开支

你每个月至少需要多少钱才能维持经济上的正常运转？我们在此所谈及的是固定费用——一些至少在短期内定期出现的、很难削减的开支。请你将相应的金额填写在下表中各项支出的右侧。为了确保没有任何遗漏，你可以花些时间翻阅一下支票簿，查看一下以前的信用卡对账单。如果你的房贷还款中已经包含了房产税和业主保险，这些款项就不需要单独拆分出来了。

房贷或房租　_____

房产税　_____

上门维修费　_____

车贷还款　_____

其他汽车相关费用（汽油、维修费）_____

水电费　_____

有线电视　_____

电话　_____

互联网	_____
食品杂货	_____
保险费	_____
其他	_____
总额	_____

财务自由并不意味着你有能力购买任何想买的东西，
而是清楚自己的需要已经获得了满足。

第**18**天　为可能的失业未雨绸缪

理财专家们不断地劝导我们要建立一个应急基金。他们通常建议，一定要预留三至六个月的生活费用，用于所谓的现金投资，包括储蓄账户、货币市场基金和类似的超级安全投资。

为什么要预留这么多的现金呢？答案其实就在人们对它的描述当中——"数月的生活费用"。这笔资金可不是为了用来应对修理汽车、更换冰箱等这类紧急情况的，解决这类费用对你来说应该不是什么难事。而所谓的应急基金，实际上是一笔失业基金。失去工作会让你面临巨大的经济困境。

昨天，你在那份每月固定生活费用表中填写了金额。现在，想象一下假如你失业了，需要依靠储蓄、失业救济金和其他消费来源而支撑生活，那么，你会用哪部分资金来支付每月固定生活费用呢？

如果你动用了你所列出的上述资源，那么在你的财务生活开始崩溃之前，你支付固定生活开销的能力还能维持多久？请预估一个月数：

在考虑需要准备多少可提取的应急资金时，应该想一想你大概需要多长时间能找到工作。时间的长短多半取决于你想要找的职务。如果你丢掉的是饭店服务生的工作，你可能会在一周之内就能找到类似的工作。而如果你是名高级管理人员，那么你可能要花上一年甚至更长的时间才能找到一份不逊色于原来的工作。

**想要减轻财务压力吗？你所需要做的，
也许莫过于减少债务、在银行里时刻保留几千元钱，
并且制定一个定期储蓄计划。**

第**19**天　如何应对长期失业？

处于失业状态的人，常常会做许多损害自己财务未来的事情。他们会积累起高额的信用卡债务；采取一些孤注一掷的手段，比如停付抵押贷款、拖欠汽车贷款；甚至从退休账户中提取现金，增加了所得税和税务罚款，最终将退休生活置于风险之下。

采取这样的措施真的有必要吗？回顾一下你昨天所填写的内容。如果你目前没有足够的财力应对长期失业，请考虑以下四个步骤：

1. 想清楚假如失去工作你会立即大幅削减哪些开销，同时认真思考一下，你是否应该从即日起就削减其中的一部分。你的生活开销越低，你的储蓄所能维持的时间就越长。

2. 决定一下你打算在应急资金中存入几个月的生活费用，以及这笔钱的总额会是多少。下一步，设立一个高收益的储蓄账户

或货币市场基金 * 账户。[1] 在互联网上搜索一下，就能很快找到一些高收益的储蓄账户。同时，得益于广为人知的低投资费用，先锋集团（Vanguard Group）[2] 会定期提供一些收益率最高的货币市场基金。设立了应急资金账户后，应该设置按月的自动定投，直至达到目标数额。

　　3. 如果你拥有一处房产，可以事先向银行申请设立一个房屋资产净值抵押信用贷款额度。建立授信额度会有许多很麻烦的手续，而且你可能需要支付一定的申请费用，每年还有少许年费[3]。然而，作为回报，你可以很方便地获取低成本的借入资金。理想的状态是，你将永远都不需要动用这笔授信额度，但做到有备无患还是上上策。

　　4. 投资罗斯个人退休账户 **。你可以随时以任何理由提取自己在罗斯个人退休账户中的年度缴费，而无须缴付任何税款和罚

---

1. 在国内，余额宝等随时可以动用的资金储备也是很好的选择。余额宝的本质是蚂蚁金融服务集团（蚂蚁金服）旗下的余额增值服务和活期资金管理服务产品。通过余额宝，用户可以把闲置资金便捷地投入由"天弘基金"管理的货币市场基金中，具备当天投入与取出的便利，也支持一定限额的购物支付、资金转账时即时提取使用等。——译者注

2. 先锋集团（Vanguard Group）是世界上最大的不收费基金家族、世界第二大基金管理公司。与大部分上市（public traded）的基金公司或者私人拥有（private owned）的基金公司不同的是，先锋集团的基金持有人是其实质的股东，先锋集团又为基金持有人提供投资管理服务。因此，公司所创造的利润就由基金的股东所分享，对基金的持有人来说，支付的成本很低。——译者注

3. 原文为"你可能需要支付约50美元的年费"。——编者注

金——其灵活性是你无法从任何其他退休账户中获得的，包括罗斯 401（k）计划。只有在触及罗斯个人退休账户投资的收益时，你才需要考虑纳税的问题。和房屋净值授信额度一样，你最好永远都不需要动用罗斯个人退休账户作为应急资金，而是让它在免税的条件下不断增值。

这些措施不仅会在你失业的情况下为你提供帮助，而且还会给你带来更大的财务安全感；但愿，你会发现自己不那么为钱犯愁了。

□ 是的，我有一个高收益的储蓄账户或者货币市场基金，并且账户里有足够的资金可以用来应付一段时间的失业，或者我为其设置了按月自动定投。

如果我们想要对今天的财务状况感觉更好，
就应该多花一些时间思考应该如何为明天付出。

┌─────────────────────────────┐
│ **个人理财工具箱** × ⫯⫯⫯ │
└─────────────────────────────┘

* 货币市场基金

** 罗斯个人退休账户

* 货币市场基金是聚集社会闲散资金，由基金管理人运作，基金托管人保管资金的一种开放式基金，专门投向风险小的货币市场工具，区别于其他类型的开放式基金，安全性高、流动性高、收益性稳定，即具有"准储蓄"的特征。

货币市场基金资产主要投资于短期货币工具（一般期限在一年以内，平均期限 120 天），如国债、央行票据、商业票据、银行定期存单、政府短期债券、企业债券（信用等级较高）、同业存款等短期有价证券。

货币市场基金具有如下特征：

◎ 本金安全。大多数货币市场基金投资品种决定了其在各类基金中风险是最低的，货币市场基金合约一般都不会保证本金的安全，但在事实上基金性质决定了货币市场基金在现实中极少发生本金的亏损。一般来说货币市场基金被看作现金等价物。

◎ 资金流动强。流动性可与活期存款媲美。基金买卖方便，资金到账时间短，流动性很高，一般基金赎回一两天资金就可以到账。目前已有基金公司开通货币市场基金即时赎回业务，当日可到账。

◎ 收益率较高。多数货币市场基金一般具有国债投资的收益水平。除了可以投资一般性的交易所回购等投资工具外，货币市场基金还可以进入银行间债券及回购市场、中央银行票据市场进行投资，其年净收益率一般可和一年定存利率相比，高于同期银行储蓄的收益水平。不仅如此，货币市场基金还可以避免隐性损失。当出现通货膨胀时，实际利率可能很低甚至为负值，货币市场基金可以及时把握利率变化及通胀趋势，获取稳定的较高收益。

◎ 投资成本低。买卖货币市场基金一般都免收手续费，认购费、申购费、赎回费都为 0，资金进出非常方便，既降低了投资成本，又保证了流动性。首次认购 / 申购 1 000 元，再次购买以百元为单位递增。

◎ 分红免税。多数货币市场基金面值永远保持 1 元，收益天天计算，每日都有利息收入，投资者享受的是复利，而银行存款只是单利。每月分红结转为基金份额，分红免收所得税。

货币市场基金可以通过网上银行、手机银行作 T+1 交易日的申购与赎回。

** 罗斯个人退休账户（Roth IRA） 为美国国会参议员罗斯（Senator William V.Roth）在 1997 年所提出的退休账户法案。其最大的优势是为个人退休提供免税收入——每年供款首先豁免个人所得税，退休时若根据美国税务局（IRS）的相关规则取款，则所有收益免联邦税，而且在 70 岁之后没有最低取款要求。此外，罗斯个人退休账户还具备让投资所得免税并获得复利增长、可投资的品种丰富（包括已经上市以及未上市股票、债券、房地产、基金、期货商品、期权、土地）等优势。在国内暂时未有与之类似的退休投资计划。

第**20**天　家庭理财教育

　　你从父母那里学到了哪些有关金钱的知识？这些知识可能是父母试图传授给你的，也可能是你通过他们的言传身教，耳濡目染学到的。利用下面的空白处，写下你记忆中在童年时期所学到的金钱知识。这些知识可以关乎支出、借贷、储蓄、投资、保险、汽车、房地产或其他一些与金钱相关的话题。

浏览一遍你刚才所写的内容，找出哪些是你至今依然坚守的信念，哪些是你已经抛弃的观念。

保留的	抛弃的
＿＿＿＿＿＿＿＿	＿＿＿＿＿＿＿＿
＿＿＿＿＿＿＿＿	＿＿＿＿＿＿＿＿
＿＿＿＿＿＿＿＿	＿＿＿＿＿＿＿＿
＿＿＿＿＿＿＿＿	＿＿＿＿＿＿＿＿

在理财方面，以身作则远比建议忠告更容易让孩子们效仿和接受。

第**21**天　洞察个人的金钱观念

　　对待金钱，我们每个人都持有一些根深蒂固的观念，尽管有时候你自己并没有意识到。我们通常感觉不到自己对这些信念有多么坚定，直至生活中有了另一半的参与——你的配偶或是伴侣坚持认为还有其他更好的方式。

　　昨天我们探讨了你从父母那里学到了哪些金钱方面的知识，以及你是否接受了他们的观念。你或许也已经从朋友、同事、专家、广告、电视节目和电影当中选择了一些其他观念。为了弄清楚你所采纳的各种观念，请将你对以下八个问题的答案写在下面。如果你正处在一段长期的婚恋关系当中，你也可以向你的配偶或伴侣提出这些问题。

　　1. 开一辆好车是否很重要？

　　2. 尽可能变得富有是否应该是你首要的生活目标之一？

3. 房产是否是个不错的投资?

4. 什么时候可以负担债务?

5. 股票市场是一个好的投资选项,还是太过危险?

6. 投资者是否应该尽力争取超常回报率?

7. 你应该给孩子提供多少经济帮助?

8. 如果你有余钱,是否应该提前偿还抵押贷款?

在接下来的几周里,我们将触及所有这八个主题。但愿你最后会发现,自己开始更加认真地思考个人的金钱信仰,甚至可能会对其中的一部分加以修正。

专注是成功的关键。想要变得更幸福吗?

不要关注他人的财富或者不属于你的东西。

Day

15

—

21

七天小结

A week

Summary

1 随着年龄的增长，人们会越来越不在意来自外部的奖赏，而是把目光投入到对自己真正重要的事情上。这一阶段，许多人开始重新思考生活：

人生体验和私有财产，哪一个更值得购买？

2 一定要设立应急基金，预留三到六个月的生活费用。确定应急基金的具体金额时，应考虑：

①你的固定生活开支；
②你多长时间能找到新工作（通常与你要找的职务相关）。

3 如果你目前没有足够的财力应对长期失业，应采取以下步骤：

①削减不必要的生活开销；
②设立一个高收益的储蓄账户或货币市场基金账户，设置按月的自动定投，直至达到目标数额；
③向银行申请设立房屋资产净值

抵押信用贷款额度（如果你有房产的话）；
④投资个人退休账户。

4 为了更加认真地思考自己的金钱信仰，你需要首先弄清楚自己对待以下八大主题的态度：

生活目标、车子、房子、债务、股票投资、超常回报率、给孩子的经济支持以及余钱的处理。

第**22**天　克服使我们猎而不获的本能

　　我们每个人都天生被赋予了许多本能，但是我们通常只能模糊地意识到这是些什么样的本能。当然，这就是本能的本质所在：那是我们无须停下来思考就能完成的事。

　　大多数情况下，人的本能发挥着相当大的作用。本能告诉我们要把手从火烫的炒锅上迅速拿开，以免烫伤；在拥挤喧嚣的街上，本能帮助我们识别哪些陌生人是友好的、愿意为我们指路的。这些都是我们以狩猎采集为生的祖先们长期磨炼出来的本能，这些本能让他们得以生存和繁衍。请记住：没有它们，就没有今天的我们。

　　然而，尽管人类作为游牧民的本能在大多数情况下能够为我们指引正确的方向，但是在现代金融世界里，它们也可以将我们引入迷途：

　　◎ 我们倾向于在任何有能力消费的时候消费，并且会很快对得到的东西失去满足感。在任何可能的情况下进食，并且持续不断地寻找更多的食物。这些行为对于我们的祖先来说是合理的，但是在今天，这些本能不仅会让我们饮食过量，而且还会让我们过度消费，进而背上沉重的债务。

◎ 我们相信勤奋是成功的关键。这种态度曾经帮助我们的祖先生存下去，也帮助我们在今天的职场中先人一步。然而，我们对勤奋工作的信仰，再加上自信心，有可能会招致巨额的投资成本和过高的风险，因为我们会过度交易，猎寻难以找到的股市赢家，以及在投资中进行豪赌。

◎ 我们效仿他人。我们的祖先通过模仿学会了狩猎、打鱼、盖房子。然而，在当今时代，效仿他人会致使我们购买大众化的、价格过高的投资产品。

◎ 我们天生喜欢探寻模式。对我们的祖先来说，在其捕猎动物、预测季节变化的过程中，这种技能非常有用。然而在今天，对模式的研究会欺骗我们，让我们相信自己真的知道金融市场接下来会发生什么，而实际所看到的只不过是些随机的价格变动。

◎ 我们痛恨损失。对于我们过着游牧生活的祖先来说，这是种可以理解的本能，因为失去食物或者房屋可能就意味着死亡。但是今天，对损失的厌恶情绪会让我们畏避那些短期内跌得很惨但是很可能会带来健康的长期收益的股票。

◎ 我们太过关注眼前和当下，却不注重未来。这对于我们的祖先来说是有道理的：他们不需要操心为退休储蓄的事情。而在今天，问题是这些本能会让我们储蓄得过少，并且忽视长期的目标。

　　我们应该如何克服这些本能，让自己的财务管理不偏离正轨呢？通常情况下，关键是要按下暂停键，让大脑中理性的一方去和本能的一方搏斗。禁不住想要在你的投资组合中加入一笔重大的投资或是对其进行重大的变更？如果你想要避免做出一项将来会感到后悔的决定，那么就请尽量深思熟虑数日后再做决定。

> **理性经济人[1]或许永远都会理性地行事，**
> **但是剩下的我们这些普罗大众，**
> **最好还是让自己周围不要有太多的诱惑。**

---

1. "理性经济人（*homo economicus*）"是西方经济学中的经典假设之一，该假设将经济决策主体的行为界定为追求经济利益最大化。其源头可追溯至亚当·斯密。——编者注

第**23**天　降低固定生活开支

取出你最近一个月的工资单，或许还应该找来你近期的银行及信用卡结算单。先从税前月收入开始，计算出它在以下四个类别之间的分配情况：

固定生活费用　＿＿＿＿＿＿＿＿＿＿＿＿

酌量性支出费用　＿＿＿＿＿＿＿＿＿＿＿＿

税费　＿＿＿＿＿＿＿＿＿＿＿＿

储蓄　＿＿＿＿＿＿＿＿＿＿＿＿

总额　＿＿＿＿＿＿＿＿＿＿＿＿

其中的固定生活费用包括你的房租或房贷、车贷还款、保险费、房产税、水电费、互联网、电话、食品杂货和其他定期反复出现的费用。如果你还记得，在之前的第 17 天你已经对这一数额进行了计算。

　　至于税费[1]，其中应该包括联邦所得税和州所得税，以及社会保障和医疗保险工资税。*如果你是一名雇员，这些信息应该就在你的工资单上。储蓄这部分应该包括你在雇主退休计划中的所有缴费，这些信息也应该能在你的工资单上看到。另外你每个月所储蓄起来的所有其他资金，都应该计入这一类别当中。

　　从你的税前收入中减去固定生活费用、每月储蓄和税费，结果是多少？这笔余下的金额，无论多少，都应该属于你的酌量性支出费用——用来进行一些消遣娱乐活动，比如到饭店吃饭、听音乐会、业余爱好、度假休闲。

　　你的财务状况是否平衡？为此你应该注意两个数字。理想状态下，你的固定生活费用不应该超过收入的 50%。此外，你应该将收入的至少 12% 用于退休储蓄，除非你未来可以领取一笔传统的雇主养老金。如果你还有其他目标，例如建立一个应急基金或是为孩子上大学存钱，那么你的总储蓄比例还应该再高一些。

　　钱存得不够？不应该在"玩乐"这类酌量性支出上花太多钱？十有八九，问题在于你的固定生活费用太高了。你或许可以随处减少些固定生活开支，比如提高保险单上的免赔额，选择便宜些的有线电视套餐，在杂货店里要精打细算。但是对大多数美国人来说，最大的两项费用是房子和汽车。如果你的固定成本远远高于收入的 50%，你可能需要采取果断措施来降低

1.在国内，"税费"一项包括个人所得税、五险一金等。——译者注

上述两项费用。

☐ 是的，我的固定生活费用不高于税前收入的 50%。

☐ 是的，我将至少 12% 的税前收入用于退休储蓄。

☐ 是的，我也在为其他目标存储额外的资金。

> **无论东西有多便宜，当你走出店门的时候，**
> **你的钱总是会少一些。**

┌─────────────────────────────────┐
│ **个人理财工具箱** │   ✕ │
└─────────────────────────────────┘

* 五险一金

* **"五险一金"** 中的 "五险" 指的是养老保险、医疗保险、失业保险、工伤保险和生育保险，其中前三种保险是由企业和个人共同缴纳的，后两种则完全由企业承担；"一金" 指的是住房公积金。"五险" 是法定单位与个人必须强制参加的，"一金" 则不一定。

"五险" 的具体费率在国内不同城市之间有差异。例如，以北京为例：养老保险缴费比例为单位 20%（17% 到统筹基金，3% 到个人账户），个人 8%；医疗保险缴费比例为单位 10%，个人 2% ～ 3%；失业保险缴费比例为单位 1.5%，个人 0.5%；工伤保险为单位按照行业基准费率（暂按不同行业分为 0.5%、1%、2%）和浮动档次确定缴费费率，个人不缴费；生育保险缴费比例为单位 0.8%，个人不缴费。

　　养老保险在满足社保提取条件（如离职等）的情况下，可以办理个人社保清理结算取出，但仅限于个人所交的那部分。社保是可以累积缴纳年限的，现在也可以异地流转，如无必要，还是不要清理结算的好，否则以前所缴纳的年限就清零了，以后再缴纳就是重新开始。如实在需要结清，可以向当地社保局申请提前支取，社保所交的费用是由两个账户进行管理的，即个人账户和统筹账户，大多数的钱都进入统筹账户里，如果清理结算的话只能领取个人账户里的金额。个人账户里的金额本就不多，况且只能取出其中的一部分，那就更少了。

　　按照《中华人民共和国社会保险法》规定，职工基本养老保险个人账户余额可依法继承。如果出现职工离退休、职工在职期间死亡或者离退休人员死亡等情形时，个人账户余额将一次性支付给亡者生前指定的受益人或者法定继承人。此外，职工如果在达到法定的领取基本养老金条件前离境定居，那么他的个人账户会予以保留，等达到法定领取条件时，再按照国家规定享受相应的养老保险待遇。

　　医疗保险、失业保险、工伤保险和生育保险，顾名思义就是为在职员工提供医疗、失业、工伤和生育等事件的相关保障。

　　"一金"（住房公积金）是单位及其在职职工缴存的长期住房储金，是住房分配货币化、社会化和法制化的主要形式。对于于机关、企事业单位、社会团体等而言，为雇员缴纳住房公积金是强制性的，城镇个体工商户、自由职业人员，并不强制缴纳住房公积金，既可以缴也可以不缴。然而参与住房公积金的个人，按政策规定可以在购买、建造、翻建、大修自有住房时提取，并获得利率优惠的住房公积金贷款。因此对于雇员而言，此项福利与书中反复提到的美国401（k）计划有些类似，即雇主参与出资，雇员参与得益，兼顾福利性与储蓄性，即使非政策性强制，也建议积极参加。

　　职工个人缴存的住房公积金以及单位为其缴存的住房公积金，实行专户存储，归职工个人所有。住房公积金实行专款专用，存储期间只能按规定用于购、建、大修自住住房，或交纳房租。职工只有在离退休、死亡、完全丧失劳动能力并与单位终止劳动关系或户口迁出原居住城市时，才可提取本人账户内的住房公积金。

　　（1）就提取住房公积金用于支付房租和购房的用途而言，不同城市的规定有一定的差异，读者可自行前往所在城市的住房公积金网站查询。以上海市为例，提取公积金用于租房时，月提取限额2000元。每户家庭月提取金额不超过当月实际房租支出，且不超过申请人住房公积金账户内的存储余额。用于购房时，公积金可以提供个人住房公积金贷款。实际操作上是住房公积金管理中心委托商业银行向购买、建造、翻修、大修自住住房、集资合作建房的住房公积金存款人发放的优惠贷款。当住房公积金贷款额度不足以支付购房款时，借款人可同时向受托银行申请商业性个人住房贷款，两部分贷款一起构成组合贷款。组合贷款中的住房公积金贷款由管理中心审批，商业性贷款由受托银行审批。

（2）申请住房公积金贷款的具体条件各地方略有不同，通常原则为：

◎ 持续缴存 12 个月住房公积金或已累计缴存 24 个月以上且当前还在继续缴存。

◎ 具有稳定的职业和收入，有偿还贷款本息的能力。

◎ 具有购买住房的合同或有关证明文件。

◎ 提供住房资金管理中心及所属分中心、管理部同意的担保方式。

◎ 符合住房资金管理中心规定的其他条件。

（3）公积金贷款额度的计算，要根据还贷能力、房价成数、住房公积金账户余额和贷款最高限额四个条件来确定，四个条件算出的最小值就是借款人最高可贷数额。计算方法如下：

◎ 按还贷能力：

[（借款人月工资总额＋借款人所在单位住房公积金月缴存额）× 还贷能力系数 − 借款人现有贷款月应还款总额]× 贷款期限（月）

使用配偶额度的：[（夫妻双方月工资总额＋夫妻双方所在单位住房公积金月缴存额）× 还贷能力系数 − 夫妻双方现有贷款月应还款总额]× 贷款期限（月）

其中，还贷能力系数为 40%；月工资总额 = 公积金月缴额 ÷（单位缴存比例＋个人缴存比例）。

◎ 按房价成数：

贷款额度 = 房屋价格 × 贷款成数

其中，贷款成数根据购建修房屋的不同类型和房贷套数来确定：

职工家庭（包括职工、配偶及未成年子女，下同）贷款购买首套住房（包括商品住房、限价商品住房、定向安置经济适用住房、定向销售经济适用住房或私产住房），且所购住房建筑面积在 90 平方米（含 90 平方米）以下的，应支付不低于所购住房价款 20% 的首付款，贷款额度不高于所购住房价款的 80%；所购住房建筑面积超过 90 平方米，应支付不低于所购住房价款 30% 的首付款，贷款额度不高于所购住房价款的 70%。职工家庭贷款购买第二套住房的，应支付不低于所购住房价款 50% 的首付款，贷款额度不高于所购住房价款的 50%。职工家庭贷款购买第三套及以上住房的，暂停发放个人住房公积金贷款。

购买私产住房的，房屋价格和评估价格不一致时，取二者低值核定额度。购买定向安置经济适用住房的，贷款额度还应不高于所购住房全部价款与房屋补偿金的差价。具体的贷款额度金额还要同时考虑单笔贷款最高额度、最高可贷款额度、最低首付款和信用等级。

◎ 按住房公积金账户余额：

职工申请住房公积金贷款的，贷款额度不得高于职工申请贷款时住房公积金账户余额（同时使用配偶住房公积金申请公积金贷款，为职工及配偶住房公积金账户余额之和）的 10 倍，住房公积金账户余额不足 2 万的按 2 万计算。

◎ 按贷款最高限额：

使用本人住房公积金申请住房公积金贷款的，贷款最高限额40万元；同时使用配偶住房公积金申请住房公积金贷款的，贷款最高限额60万元。

使用本人住房公积金申请住房公积金贷款，且申请贷款时本人正常缴存补充住房公积金的，贷款最高限额50万元；同时使用配偶住房公积金申请住房公积金贷款，且申请贷款时本人或其配偶正常缴存补充住房公积金的，贷款最高限额70万元。

申请贷款时职工或其配偶正常缴存按月住房补贴的，参照正常缴存补充住房公积金的规定执行。

（4）利用住房公积金贷款在异地购房目前基本不具备可操作性。而因工作、家庭等原因迁移则可办理住房公积金的跨城市转移，操作起来并不麻烦。

第**24**天　总结成功者的特质

想出三个你所认识的经济生活宽裕的朋友或者亲属。请注意：一定要选择你确实相信其经济状况良好的人，而不要以貌取人。然后，将这三个人的名字列在下面：

他们成功的关键是什么？将这些特质列在下面。每一种特质不必适用于所有三个人。

如果我们的目标是拥有比别人更多的钱，
那么我们对金钱的欲望将永无休止。

第**25**天 养成良好的储蓄习惯

获得财务成功的秘诀根本不算什么秘密：养成良好的储蓄习惯。没错，明智的投资会让财富不断增长，而愚蠢的行为则会对其造成减损。但是假如没有良好的储蓄习惯，一个人有没有高超的投资技能，其实并不重要。要知道，如果我们只能拿出 1 000 美元用于投资，那么无论第二年的回报率 2% 还是 20% 其实都无所谓。如果折算成美元，所得收益就是 20 美元或者 200 美元——这对于安逸的退休生活来说，简直就是杯水车薪。

回顾一下你昨天列出的那几个人以及促使他们成功的特征。这些人可能有可观的薪水、精明的投资，或者是有自己的生意。然而，之所以任何一种财务上的优势最终能转变成显著的财富，是因为这些人是优秀的储蓄者。

可以考虑将这些人当作自己的榜样。你不妨咨询他们有关成功的经验，并且用他们的故事激励自己。你甚至还可以把自己的财务目标告诉他们，这样你有可能会受到更进一步的鞭策，因为你会努力想让他们看好你。

实际上，思维模式对于财务成功的重要性不亚于任何其他因素。要想成为一个好的储蓄者，我们显然要有一笔收入——而且收入越高，存钱就越容易。但是，为此我们还需要有五个额外的特质：

◎**较低的固定生活费用**。为什么许多家庭攒不下钱？正如我在第 23 天里间接提到的，通常情况下这些人根本存不住钱的原因，是他们被困于一连串的月固定生活费用里不能自拔，从房贷还款到物业保险费，再到手机、互联网、有线电视、音乐流媒体等等，几乎是所有的日常消费。最终结果是：他们在财务上几乎没有什么回旋余地，致使存钱几乎成为不可能。

◎**自控能力**。即使是在固定生活费用不高的情况下，由于诱惑的无所不在，储蓄这件事也还是会困难重重。当你的眼睛被什么东西吸引住时，一定要遏制住想要立即打开钱包的冲动。让欲望得以满足的快感迟来一些，我们就能有时间思考一下，这笔钱是否真的值得花。这对一些人来说，是轻而易举的事，然而对许多人来说，却并非易事——这跟难以做到少吃多动如出一辙。

◎**对财务压力的反感**。花钱或许会给我们带来短暂的兴奋，但是过度消费也可能会导致持续的财务压力，那时我们会发现自己无力支付信用卡账单，甚至可能会付不起房租。当我们逐渐意识到这种压力的可怕程度，同时体验到有能力把控自己经济状况的美好感觉时，消费就会失去它的魅惑力。

◎**自我反思**。我们年轻时，常常将太多的钱花在那些几乎不会给人带来任何幸福感的东西上，这其实不足为奇。年轻人只是还没有足够的时间从经验中吸取教训。然而随着消费过程中一次次失望经验的累积，我们开始逐渐意识到，这些所购之物几乎没有给自己带来什么幸福。此时，自控力不再是个问题，因为那些好东西已经失去了诱惑力。越早到达这一境界，我们就越容易做到把控住消费，并最终走上财务生活的正轨。

　　◎**关爱未来的自己**。如果我们今天把钱花掉，那么明天就无法再花到这笔钱了，更不消说三十年以后。如果我们是理智的人，就应该趁着年轻去更多地关心自己的未来，因为在我们前面还有如此漫长的岁月。然而具有讽刺意味的是，人们对于自己未来的担忧却似乎是随着年龄的增长而变得愈来愈强烈的。

　　　　拥有一百万美金以上的普通美国人具备什么共同的特质？
　　　　他们异常节俭——也有人称之为小气。

第**26**天　幸福的潮起潮落

　　思考一下，在平常的一周内，有哪些时刻让你感到最快乐？
哪些活动对你最有吸引力？把它们列在下面。

再想一想，同样在正常的一周内，哪些东西是你最不喜欢的？

能让你感到幸福的，不是面积更大的房子、
新添置的家具或者重新装修过的厨房，
而是和你生活在一起的人。

第27天 审视金钱与幸福的关系

回顾一下昨天的那份一周最开心和最不开心时刻的清单。你是否能够找到一种方法，可以让开心的时刻多一些，让不愉快的事情所消耗的时间少一些。

在你仔细考虑这一问题的过程中，可以从两个角度去审视金钱。首先，金钱在其中扮演着什么样的角色？乍一看，金钱与该问题之间的关联性似乎很微弱。如果你喜欢训练孩子们踢足球并且讨厌上下班的通勤，钱可能会是一个次要的考虑对象。但是改变生活——以便你能够有更多的时间在家办公，或者减少通勤时间，从而有更多的时间陪伴孩子——有可能会涉及寻找一份新的工作，或者把家搬到离办公室近一些的地方。

其次，你是否愿意改变消费习惯，让美好的时光更多些，而减少在不愉快的事情上的时间投入？比如，如果你喜欢在外面用餐，去饭店吃饭的预算就可以多一些，如果你讨厌打理庭院，可以请园艺服务公司来代劳。

想好了如何让自己的每个星期都过得更愉快吗？把你的这些

主意写在下面:

> *(空白框)*

    有时候，人们不是用钱来让自己感到幸福，而是用它来抵御不幸福的发生。几乎每个人都有一个阿喀琉斯之踵——一个让我们惭愧的弱点。我们甚至会将其隐藏起来不让他人看到。这些弱点可能是赌博、过度消费、酗酒、吸毒或者暴饮暴食。

    思考一下你的某个或者多个弱点。它们是属于可容忍的人性弱点，还是需要你去寻求改变的？你的这些弱点对财务生活造成了怎样的影响——它们是否正在影响你实现财务目标的能力？假设你不仅仅是在今天屈服于自己的弱点，而是在此后 12 个月当中的每一天，其累积起来的破坏性会有多大——并且这一恐惧感能否足以驱动你做出改变？

　　想要召唤意志力来遏制住那些最坏的本能，我们往往需要更关心自己的身体，多做户外活动、延长睡眠时间、加强体育锻炼。一旦做不到这些，我们抵制诱惑的能力就会减弱——你会发现自己吃得更多、喝得更多、花得更多，因为你在寻求短期的精神刺激。

金钱貌似最稀缺的资源，尤其是在年轻人的眼里。

但事实是，我们最有限的资源是时间。

第**28**天　充分利用人力资本

　　如果你刚刚大学毕业，或许还背负着令自己忧心忡忡的学生贷款，也可能还有信用卡债务。但是可以说，你依然是富有的，因为你还有四十年的薪资在前面等着你。根据人口普查局的统计，按现时的美元计算，大学毕业生的平均预估终身收入为 240 万美元。经济学家们将这种赚取收入的能力称为**人力资本**，这一概念为如何管理好我们的财富提供了四个重要启示：

　　◎**我们可以利用人力资本来抵押贷款。**在成年的初期阶段承担债务——尤其是为了支付学费以及购买房产——从经济意义上讲是合理的。我们可以用借来的钱购买自己目前没有能力购买的东西，更何况我们知道自己还有许多时间用来赚钱还债，并且在退休之前还清债务。但是，一定要警惕不能做得过火：不要负担超出自己正常偿还能力的债务，在利用债务改善财务生活时应该谨小慎微，不要进行一些让自己将来为之后悔的奢侈消费。

　　◎**我们需要保护自己的人力资本。**为了避免由于伤病而失去工作能力，我们应该购买伤残保险。如果家人的生活依赖于你的收入，你或许还应该购买人寿保险。如果失业了怎么办？这就是我们需要准备一笔应急资金的主要原因。

◎我们的人力资本可以提供退休所需的储备资金。从本质上看，我们在从业期间所做的事情，就是用人力资本去换取收入，并将所得的收入转化为一大笔金融资本，以便有一天我们可以退休——而且无须依赖利用人力资本所赚得的收入而生活。

◎我们的薪资赋予我们投资股票的自由。有了我们用人力资本换来的收入，我们就没有必要去购买那些保守型的创收投资产品了，而是可以通过投资股市来谋求长期的投资增长。

> 对于我们大多数人来说，
> 最宝贵的资产是赚取收入的能力。
> 我们不应该再去购买雇主的股票而为此双倍下注。

Day

22

七天小结

A week

Summary

28

1 大多数情况下，人的本能发挥着相当大的作用，但有些本能却会将我们的财务生活引入迷途：

①我们倾向于即刻消费，并且会很快对得到的东西失去满足感；

②我们相信勤奋是成功的关键；

③我们效仿他人；

④我们天生喜欢探寻模式；

⑤我们痛恨损失；

⑥我们太过关注眼前和当下，却不注重未来。

2 关注财务状况的平衡：理想状态下，你的固定生活费用不应该超过收入的50%。

3 要想成为一个好的储蓄者，需要五个特质：

①较低的固定生活费用；

②自控能力；

③对财务压力的反感；

④自我反思；

⑤关爱未来的自己。

4 可以从两个角度审视金钱与幸福的关系：首先，金钱在其中扮演着什么样的角色？其次，你是否愿意改变消费习惯，让美好的时光更多些，而减少在不愉快的事情上的时间投入？

5 我们赚取收入的能力被称为人力资本，这一概念为我们如何更好地理财提供了四个重要启示：

①可以利用人力资本来抵押贷款；

②保护自己的人力资本；

③人力资本可以提供我们退休所需的储备资金；

④薪资赋予我们投资股票的自由。

第**29**天　你是否是家庭顶梁柱？

有人在经济上依赖你吗？一些人对于这个问题的回答是没有。假设这部分人再也没有下一笔工资入账了，这对他们来说或许会是个问题，但对于他们的亲人，却并不会造成不良的经济影响。

而另一些人却在供养着许多人。如果这些人失去了收入来源，就有可能对其配偶或者伴侣、孩子或者其他人带来严重的经济影响。请在下面的表格中填入在经济上依赖你的人。

思考一下你需要为这些人提供经济供养的年限。如果你的配偶不工作，那么你就有可能需要支付在你的——以及他或她的——余生之内的所有家庭开销。对于孩子们的经济供养可能会止于高中或者大学。所有这些因素既应该体现在你的子女大学教育储蓄策略里（这一内容我们将在第 53 天里讲到），也应该包含在你的遗产计划里（这是我们将要从第 70 天起开始讨论的话题）。不过这个问题对于你的保险承保范围也有一定意义——这正是我们明天即将转入的话题。

需要供养的人	需要多长时间
_____	_____
_____	_____
_____	_____
_____	_____

没有立下遗嘱？在你的有生之年你不会为此而
后悔，但是几乎可以肯定你的家人会的。

第**30**天 认清保险的本质

什么是保险*？不要去想那些附属细则——免赔额、特殊附加险、除外责任条款、吹毛求疵的法律语言。保险的本质就是**风险共担**。你、我以及一大群其他人共同把钱放进一个由一家保险公司监管的资金池。如果有人遭遇不幸，就可以从这个池子里获取资金。剩下的其他人继续支付保险费但不会得到任何回报，然而人们对此心甘情愿，因为这表明生活中一切平安无恙。

我们可以利用保险为自己提供经济上的保护，以应对各种不幸，包括房子被烧毁、生病、车祸、残疾、被起诉、过世后让家人陷入贫困。

根据具体情况的不同，这些风险所造成的伤害程度也各有不同。比如，如果我们在 40 岁时突然死亡，对于那些在经济上依赖我们的人来说，这可能会是个严重的问题，所以购买人寿保险或许是个好主意。但如果你是个 70 岁的退休人士，那就远不会构成经济问题。到了那个年纪，所有的孩子都可能已经离开家了。如果你有配偶，情况会怎样？虽然他或她可能会为你的离世感到悲伤，但是其经济状况却有可能会更好些。毕竟，原本为两个人准备的储备金，现在只需支付一个人的退休开销了。这就意味着：几乎可以肯定，此时的你不需要再购买人寿保险了。

　　由于保险会是个赔钱的买卖——我们希望如此，所以我们只愿意购买那些绝对需要的险种。思考一下你所面临的所有财务风险。如果你有能力自己应对这些风险，那么就不需要为之购买保险。如果风险所造成的经济后果可能会严重到让你和你的家人无法承受的程度，那么你或许需要保险。我的建议是：购买你需要的险种，并且只要能过得去，就尽可能缩小保险范围。**

> 我们不应该将自己视为投资收益的追求者，
> 而应该是风险的管理者。

个人理财工具箱　　　　　　　　　　　　　　　　　✕

* 保险的性质及分类

** 如何选择"刚需"险种

* 保险是指以集中起来的保险费建立保险基金，用于补偿被保险人因自然灾害或意外事故所承受的损失，或对个人因死亡、伤残、疾病或者达到合同约定的年龄期限时，承担给付保险金责任的商业行为。

◎ 根据保险标的的不同，保险可分为财产保险、人身保险和责任保险。

◎ 根据实施形式的不同，保险可分为强制保险和自愿保险。

◎ 根据业务承保方式的不同，保险可分为原保险和再保险。

◎ 根据是否盈利的标准，保险可分为商业保险和社会保险。

◎ 根据被保险人的不同，保险可分为个人保险和商务保险。

各家的保险产品各有差异，不同的人群对同样的产品的优点和缺点的容忍度存在差异，没有最好的保险产品，只有最适合自己的保险方案组合。考虑保险方案组合可从自己的收入、家庭大小以及身体情况考虑。

有人把保险比作飞机上的降落伞，虽然未必有用，但这一份保障却是实实在在的。译者更愿意作另外一种形容：如果把不同的投资理财产品的组合比作一支足球队，不同的产品担任着前锋（如股票）、中场、后卫（如债券）等角色，那保险就是当之无愧的守门员，紧急时，一定得依靠它。

　　保险的具体功用是利用集体的力量令个体得以用最小的代价防范不同生命周期的各种大风险；以相对小的投入来承担对家庭、子女的重担；以当前力所能及的积累确保将来的退休生活和医疗费有着落；作为有产人士财富规划的一部分，确保财产以节税的方式、以规划好的分配方式转移给下一代……

　　虽然保险的保障功能是其核心所在。但在我国的保险实践中，保险的保障功能相对弱化，本该是辅助性的投资功能却往往反客为主。这一现象值得我们慎重对待。

　　（1）投资型保险是人寿保险下面一个分支，这类保险属于创新型寿险，最初是西方国家为防止经济波动或通货膨胀对长期寿险造成损失而设计的，之后演变为客户和保险公司风险共担、收益共享的一种金融投资工具。

　　投资型保险分为三类：分红险、万能寿险、投资连结险。其中分红险投资策略较保守，收益相对其他投资险为最低，风险也最低；万能寿险设置保底收益，保险公司投资策略为注重中长期增长，主要投资工具为国债、企业债券、大额银行协议存款、证券投资基金，存取灵活，收益可观；投资连结险的主要投资工具和万能险相同，不过投资策略相对进取，无保底收益，所以存在较大风险，但潜在增值性也最大。

　　固定收益的投资型保险产品（如分红险、万能寿险）的真实回报率和银行同档次的定期存款利率相差无几，而流动性则差之千里。建议回归本源，财富保值增值的目标可以用投资理财的传统产品完成，而家庭的保障，则当然少不了保障型保险产品和保险规划了。

（2）保障型保险主要是指传统型的具有储蓄性质的寿险，这类寿险设有固定的保单利率，不会随市场利率的上升而提高，也不会随市场利率的下降而降低，投保人获得的保险保障是一个确定不变的给付金额。

其实对普通家庭来说，必备的就是保障型保险，尤其是一些基础保险。一般地，保险公司提供的保障型保险主要有以下几个品种：

◎寿险。被保险人身故和全残时可以获得保单所约定金额的全额赔付。这是保障型保险中一种最通用、最实际的险种，通常也是性价比最高的险种。

◎意外险。被保险人因意外而发生的身故或残疾，其中残疾分了很多等级，从最小的小拇指缺失到全残都包含在内，按残疾的程度给以不同程度的赔付。

◎重疾险。被保险人确诊为保险规定种类的重大疾病可得到赔付，确诊即赔付。投保人投保时必须仔细了解重疾的覆盖范围，以免在万一不幸染上某些消耗性重疾时，却发现无法得到保险的赔付而空悲叹。

◎医疗险。对住院或手术发生的各种医疗费用得到补偿；按照实际发生费用的一定比例赔付，病种不限。

◎养老险。由保户在保险公司储蓄养老金，保险公司扣除一定的初始费用后，以比银行定期利率略高的利率复利增值。等到保户需要养老的时候，从这个账户中领取养老金。这将减少对似乎越来越靠不住的社保的依赖。

  ** 从本质上看，每个人所必需的就是**定期寿险**——最简单的往往是性价比最高的。定期寿险是指在保险合同约定的期间内，如果被保险人死亡或全残，则保险公司按照约定的保险金额给付保险金；若保险期限届满被保险人健在，则保险合同自然终止，保险公司不再承担保险责任，并且不退回保险费。定期寿险的保险期限有 10 年、15 年、20 年，或到 50 岁、60 岁等约定年龄等多项选择。

    定期寿险具有"低保费、高保障"的优点，保险金的给付将免纳所得税和遗产税。越是在年轻时，越应该购买，因为年轻时认购的保费要比年长时低得多。等到自己觉得需要时，年纪往往已经超过保险公司愿意受保的年龄了。

    另一种比较"刚需"的保障型险种就是**重疾险**。重疾险即重大疾病险，是指由保险公司经办的以特定重大疾病（如恶性肿瘤、心肌梗死、脑溢血等）为保险对象，当被保人患有上述疾病时，由保险公司对所花医疗费用给予适当补偿的商业保险行为。这是个人对由国家提供的医保计划的重要补充。

    多数时候，备足上述两种保障性的保险就基本有了保障，其他的则是锦上添花。不同保险公司的相同险种的实际保障范围相似而保费相差甚远，值得去货比三家。

第**31**天　为自己上保险

　　在第 18 天和第 19 天里，我们讨论了如果失业六个月你将如何应对的话题。但是假如你遭遇了断送你职业生涯的残疾或者过早死亡，致使你再也无法工作了，你该怎么办？

　　如果你是单身并且没有任何需要供养的人，那么死亡不会造成什么经济问题，因为没有人处于这场灾难的阴影之下，所以也就没有必要购买人寿保险。然而与之不同的是，残疾有可能会是一个相当严重的问题。如果你因身体原因而无法工作，进而无法赚取收入，你将如何养活自己？如果你确确实实有个家庭，你将如何养活他们？

　　社会保障制度或许会为残疾的人提供一些救济金，但是获取这一资格却很不容易：你的残疾必须非常严重，以至于你至少一年内都无法工作，或者会导致死亡。就算你符合享受救济金的要求，也还是需要等到五个月之后才能开始领取这笔救济金。

　　由于很难获得社保制度所提供的残疾人救济金，许多雇主会提供短期和长期的伤残保险。如果你的雇主不提供此类保险怎么办？如果你是自由职业者怎么办？你应该认真考虑购买伤残保险。

伤残保险看似没有必要，尤其是对于伏案工作的人来说，这类工作不太可能让人受伤。但请记住，造成大部分残疾的原因不是事故，而是疾病。

　　如果你有一个在经济上依赖于你的家庭，你或许还需要购买人寿保险。最好的选择可能是低成本的定期保单，而不是保险销售人员们极力推销的超级昂贵的现金价值保单。你的保额应该有多大？在你购买的保单里，所包含的死亡保险金应该足以用来偿还抵押贷款和任何其他债务，为子女大学教育储蓄账户提供资金，并且支付三到五年的家庭生活费用，因为家人需要一段时间适应失去你和你的薪资的生活。

　　如果你已经有了一笔可观的存款，或许应该选择死亡保险金较少的保单。经验法则：如果你的储蓄和投资账户中有 100 万美元，无论是人寿保险还是伤残保险，你都可以不予理会。

　　□ 是的，我有伤残保险或足够支付终生生活费用的储蓄。

　　□ 是的，我有依靠我供养的家庭，但是我有足够的定期人寿保险和储蓄，来保障他们良好的经济状况。

> **你可以修改人寿保险和退休金的受益人，**
> **你也可以不去为此劳心费神，**
> **而将一切留给你的前任。**

第**32**天　优化你的保单

　　下面的这个想法让人不寒而栗——你有可能需要高达八个类型的不同保险。这八个险种包括：

- ☐ 人寿保险 [　　　　　　　　]
- ☐ 伤残保险 [　　　　　　　　]
- ☐ 医疗保险 [　　　　　　　　]
- ☐ 长期护理保险 [　　　　　　　　]
- ☐ 汽车保险 [　　　　　　　　]
- ☐ 业主保险 [　　　　　　　　]
- ☐ 租房保险 [　　　　　　　　]
- ☐ 伞式责任保险（umbrella liability）[1] [　　　　　　　　]

---

1. 伞式责任保险（umbrella liability），又称伞覆式保险或伞式再保险，是一种附加的责任险，用来赔付在任何意外情况下造成他人身体伤亡、财产等损失以及一切法律诉讼等费用。优先保险能为普通的意外损失提供保护，而商业伞式保险则一般对更大规模的灾难性损失提供保护。——译者注

听上去这似乎都是些来挖空你的家庭预算的家伙。好消息是，很少有人会需要所有这八个险种——而且对于你需要的保险，也有一些削减其费用的办法。例如，如果你拥有一套房产，你就应该购买房主保险，而且你的抵押贷款公司也确实会要求你这么做。不过，你或许可以选择一份附有 5 000 美元免赔额的保单。没错，这就意味着第一笔 5 000 美元的损失将要由你自掏腰包来解决，所以你需要为这一笔经济损失做好准备。但是得益于高免赔额，你的保费就会低很多，而且当发生巨大的经济损失时，比如说你的房子被烧毁，你依然会受该保单的保护。

同样的理念也可以适用于医疗保险和汽车保险中的免赔额，以及伤残保险和任何长期护理保险中的免责期。长期的免责期类似于高额的免赔额，但是，前者所涉及的是从你提出索赔到开始获得保金之间的时间段。

随着财富的增加，你或许可以不再考虑购买保单。正如我昨天提到的，如果你有至少 100 万美元的储蓄，可能就没有必要购买人寿保险和伤残保险了，或许你也可以对长期护理保险不予理睬。即使你的储蓄尚未达到 100 万美元，你也可以随着净资产的增加而缩减承保范围。

虽然财富的增加可能会促使你削减一些其他险种，但由于财富的增加，你购买伞式责任保险的心情应该更加迫切。为什么？因为日益增长的财富可能会使你成为热衷于诉讼的人眼中更具诱惑力的目标。一旦你被起诉，伞式责任保险可以为你提供保护——

而获得这种保护的代价是相对适中的年度保费。

在上述险种列表的一侧，勾选出你已经购买或应该购买的险种。另外写下你打算要做出的任何更改，例如减少承保范围或增加免赔额。

阳光是最好的消毒剂：安排一个时间把你的财务报表拿给一位朋友看，随后你就会立即去清理整顿自己的财务状况。

第**33**天 评估过往的重大开销

回想一下你在成年期间的一些重大开销，比如买房、买车、子女上大学的费用、度假、家庭重新装修工程、筹办婚礼、长期的业余爱好，以及购买大型家具等。

其中哪三项最有可能让你感到满意？

哪三项支出令你感到失望——甚至还可能会触发阵阵的懊悔？

如果生活从一开始就进入头等舱级别，

你会视其为理所当然。

偶尔的升舱，才是真正的享受。

第**34**天　罗列未来可能的重大支出

　　一周前，我们讨论了你的日常开支，并且认真思考了如何以不同的方式使用金钱，以便能从金钱中挤取更多的快乐。今天，我们要考虑的是比较大的消费——或许可以说大得多。

　　现在让我们开始准备一个愿望清单，列出你在未来几年内可能的支出项。可以有各种各样的选项：新车、新的客厅家具、重大的家庭重新装修项目、特殊的假期，或者为成年子女筹办的豪华婚礼。在罗列清单的同时，回顾一下你昨天所写的内容，并认真思考一下曾经给你带来快乐的重要购置物，以及那些没有给你带来快乐的消费。

　　创建这一愿望清单的目的有两个。第一，这是一个自娱自乐的机会。谁不喜欢做白日梦呢？第二，通过制作清单，你可以对各种可能性进行比较，并且考虑哪个应该是重中之重，哪些还需要三思。我的建议是：每一个月或两个月重新过一遍这个清单。有些项目会很快从清单中悄然离去，而另一些则会继续保留——表明这些东西有可能值得动用你辛苦赚来的钱。

地下室[1]是一个布展拙劣的博物馆，专门展示我们
后悔买来但还没有决定将其扔进垃圾场的东西。

---

1. 美国、加拿大居民多住在多层的别墅中，地下室通常摆放一些不常用的家具
与物品。——译者注

第35天 延长消费幸福感

　　无论是重新装修厨房还是打算去度一次豪华的假期，我们常常会想象着厨房装修完毕或者真正踏上旅途的那一刻所体验到的强烈快感。或许那确实是些"高光"时刻，但在此前幸福感与日俱增的潜能却持续得更为久远。

　　事实上，或许我们已经发现，最美好的时光是在那些"高光"时刻到来之前，我们构想新的厨房和筹划度假之旅的过程。在此期间，我们可以畅游在无限的遐想之中，设想着各种各样可能属于自己的厨房，或者憧憬着去无数充满异国情调的地方旅游。当计划最终敲定之后，我们又可以怀着急切的心情企盼新厨房的诞生和旅行的开始，沉浸在对未来美妙图景的遐想之中。

　　然而，一旦厨房装修完毕或者旅行结束，我们会很轻易地把它们全都抛在脑后。我们对新厨房开始习以为常、视为当然，对经历过的旅行也开始淡忘。怎么办？为了能够从花掉的钱里汲取更多的快乐，我们应该时不时地稍息片刻，欣赏欣赏新的厨房，感念自己的幸运。我们可以重温旅途中的照片，让曾经的美好时光重返回忆。

厨房和旅行，尽管二者都有可能会成为持久幸福的来源，但我们或许会发现，在这一点上旅行要更胜一筹。这一论断似乎是违反直觉的。毕竟，厨房依旧在那里，与我们朝夕相处。但这也正是问题的所在。和面对其他财物时一样，我们不得不眼睁睁地看着厨房一年旧似一年。橱柜会逐渐磨损，管道会需要维修，设备会需要更换。

相比之下，旅行——与其他体验一样——不会随着时间的流逝而褪色。恰恰相反：记忆中的假期甚至会更加美好，因为我们会忘记那些偶然的不快，而将那些"高光"时刻留在记忆里。这也是体验往往比财物更能让人感到幸福的另一个原因。

如果我们今天心仪于某件东西，应该等到明天再去购买。这样我们就会有时间去仔细琢磨这件想买的东西——并且仔细思考一下这笔钱是否值得花。

Day

29

七天小结

A week

Summary

35

1 根据你所面临的财务风险以及风险承受能力，判断你是否需要购买保险。如果需要购买保险，记住：

只购买你需要的险种，并且只要能过得去，就尽可能缩小保险范围。

2 为自己购买保险时，应分情况考虑：

①如果你是单身并且没有任何人在经济上依赖于你，那么你需要购买伤残保险；

② 如果你有一个在经济上依赖于你的家庭，那么除了伤残保险外，你还需要购买低成本的定期人寿保险。

3 你应该不断地根据自己的财务状况优化自己的保单：

①通过减少承保范围或增加免赔额，可以有效削减保险费用；

②随着财富的增加，你对伞式责任保险的需求会加大。

4 制作你未来可能的重大支出清单，并且每一个月或两个月重新过一遍这个清单，继续保留在清单里的项目才有可能值得动用你辛苦赚来的钱。

5 体验往往比财物更能让人感到幸福。

第**36**天　不能承受的汽车消费之重

根据美国劳工统计局的统计，普通美国家庭支出的 33% 都花费在了住房上，其中包括房抵押贷款或租金、房产税、水电费和家具；另外有 16% 用于交通运输，其中大部分被汽车占去，包括购买或者租赁车辆、购买汽油、支付保险费。[1]

加起来可以看到，几乎有一半的开支用于住房和汽车的消费。人人都需要有居住的地方和四处出行的工具，但是你花费在住房和交通上的钱是否太多？我们先以你的车子（们）为例计算一下。

你的支出是多少？估算一下你的总年度汽车相关费用：

---

1. 根据中国国家统计局网站的数据，2017年我国城镇居民家庭可支配收入为36 396.19元/人，消费性支出为24 444.95元/人。其中，用于居住相关的支出为5 564元/人，占可支配收入的15.2%；而用于交通与通讯的相关支出为3 322元/人，占可支配收入的8.4%。从数据上看，比美国的相应比例要低。这个统计结果可能与国内大部分城镇或农村居民拥有住房（没有房贷支出），也不需要支付房产税，因此用于居住的相关支出很低，拉低了平均数有关。然而，居住在大城市的年轻人们普遍没有这种"福分"，他们必须承担把收入的一大部分用于居住相关支出的生活压力。——译者注

车贷还款	_____
汽油	_____
保险	_____
定期维修	_____
注册	_____
其他	_____
总额	_____

现在，问自己一个问题：你的汽车相关总支出与你的年收入之比是否合理——也就是说你是否为此花费太多？

每当你看到街上一辆豪车飞驰而过时，
请静默片刻，为逝去的财富默哀。

第**37**天　买车的基本原则

花钱不是件坏事，坏的是花钱太多，或者把钱花在一些自己可有可无的东西上。对一些人来说，车子是他们的最爱，所以将收入的很大一部分拿去买私家车，或许也算是把钱用对了地方。这样一来，他们用来购买其他东西的钱就减少了，不过这种取舍或许是值得的。

但是假如你对车子并没有那么痴迷呢？如果是这样，你应该购买价格合理且适合自己家庭使用的车。这件事其实并不是特别复杂。如果你买车是出于实用性，而不是为了让邻居对你刮目相看，或是享受驾驶一辆与众不同的车所带来的快感，那么你可以遵循两条基本原则。

第一，购买新车之前一定要三思，因为你要为此支付一笔溢价。新车最初的三四年是折旧程度最大的时期——此外，新车更换零部件的成本更高，因此它的保险费用也更贵。

第二，由于销售税、汽车注册费和经销商加价等问题，你更换车子的次数越多，其成本就越高。

结论：你最好的选择可能是一辆已有三年车龄和 20 000 到 30 000 里程数的车，这种车已经度过了大部分的折旧期，但是在其性能失去可靠性之前还有足够的里程数。由于这些租约到期、有三年车龄的二手车每年都会有，你的选择余地应该非常大。到手之后你的目标或许是这辆车再开上至少六七年。

"租车的费用可能会损害你缴付401（k）计划的能力。"
但未曾有任何一名汽车销售员这样说过。

第**38**天　获取信用评分

　　高级别的信用评分已经成为美国人最孜孜以求的身份象征之一了，而这难免有些令人伤感，因为那无非是些关乎借钱的事。信用评分所依据的是信用报告，信用报告主要是对一个人在过去几年当中所有借入资金的记录，无论是通过抵押贷款、汽车贷款还是信用卡。

　　美国三大征信服务机构——艾克菲（Equifax）、益博睿（Experian）和环联（Trans-Union）——获取上述信息并将其转换为数字分数。最常见的评分系统是 FICO 评分[1]，评分范围在

---

1. FICO信用分是由美国个人消费信用评估公司开发出的一种个人信用评级法，已经得到社会广泛接受。由于美国三大征信服务机构都使用FICO信用分，并将其附在每一份信用报告上，以至FICO信用分成为信用分的代名词。其前身是工程师Bill Fair和数学家Earl Isaac于20世纪50年代发明的一个信用分的统计模型，20世纪80年代开始在美国流行，如今它是美国FICO公司（原名"Fair, Isaac and Company"）的专有产品，并由此得名。FICO信用分模型利用高达100万的大样本数据，首先确定刻画消费者的信用、品德，以及支付能力的指标，再把各个指标分成若干个档次，并确定各个档次的得分，然后计算每个指标的加权，最后得到消费者的总得分。每个金融机构在审查各种信用贷款申请时都有各自的方法和使用FICO信用的准则，以此作决策参考。——译者注

300~850 之间，一般水平的评分为 700 左右，而如果分数达到 750 或以上，则表明你的信用风险级别很好。

你应该定期检查自己的信用报告，尤其是在申请汽车贷款、房屋按揭贷款或其他大额贷款之前。包括查找错误的信息，例如，还款状态显示为逾期，然而实际上你并没有逾期；同时检查是否有被重复列出的债务；此外，还要检查是否存在你无法识别的账户，这类账户可能表明你的身份信息已遭盗窃。

如果你打算申请抵押贷款或汽车贷款，也应该查看一下你的信用评分。你可能需要为此支付一小笔费用，但通过信用卡推荐网站（可以考虑 Credit Karma、WalletHub 及类似网站）以及各种金融公司（包括 Capital One、Chase 和 Discover），你也可以免费获得评分。

要求查看信用评分的不仅仅是贷款者，保险公司在设定保险费时也会使用，此外在审查租户状况时，业主也要用到信用评分。相比之下，未来的雇主可以查看你的某一份信用报告，但不能查看你的信用评分。

不幸的是，身份盗窃已成为一个日益严重的问题。我们应该如何保护自己呢？除了定期检查你的信用报告外，还应考虑三个策略。首先，你或许可以冻结三个主要信用机构为你评定的信用额度，这样应该可以防止某人以你的名义申请信用卡。这是最强大的保护方法——但如果你仍然在定期申请新的贷款和信用卡，这会是件很麻烦的事，因为你每次都需要解冻你的信用额度。

　　作为替代方案，你可以选择第二种策略：在三个信用机构的信用档案中设置一个防欺诈提示。这样，在以你的名义开设账户之前，贷方必须采取一些额外的步骤来确认你的身份。

　　第三个策略是什么？你可以注册申请信用监控，许多网站免费提供该项服务（还是建议考虑 Credit Karma、WalletHub 和类似网站）。信用监控是最下策的解决方案。当你被提示有人以你的名义申请信用时，你已经遇到了问题——但这个方案应该有助于你迅速采取行动以阻止盗窃的发生。

　　□ 是的，我有登录过 AnnualCreditReport.com 免费获取我的信用报告副本。[1]

　　□ 是的，我打算申请贷款，所以我查看了我的信用评分，以了解我的信用状况。

　　□ 是的，我冻结了我的信用额度，设置了防欺诈提示，或者注册申请了信用监控。

---

1. 中国人民银行征信中心是中国人民银行直属的事业法人单位，主要任务是依据国家的法律法规和人民银行的规章，统一负责企业和个人征信系统（又称企业和个人信用信息基础数据库）的建设、运行和管理。在我国，个人的信用报告可以通过征信中心、征信分中心以及当地的人民银行分支行征信管理部门等查询机构获得，需向上述机构提出查询本人信用报告的书面申请，并填写《个人信用报告本人查询申请表》，同时提供有效身份证件供查验，并留身份证件复印件备查。——译者注

借债可以让我们购买目前没有能力支付的物品。

人们称之为"消费平滑"[1]或"寅吃卯粮"[2]。

Day 38

---

1. 消费平滑（consumption smoothing）：在给定的一个时期里，个人的消费不是由当期收入决定，而是由个人一生的劳动收入和初始财富所决定。——译者注

2. 原文为"sticking a finger in your own eye"，联系语境，在此将其译为"寅吃卯粮"。——译者注

第**39**天 提升信用评分

信用评分是如此的重要，因此你会希望积累起尽可能高的分数。尽管有些提高积分的措施并不明晰，但大多数还是显而易见的——而且这些都是作为一名精明的个人财富管理者应该做的事。下面介绍六个有助于你提高信用评分的策略：

1. 不定时地检查信用报告，查看其中是否存在错误。

2. 按时偿还账单，特别是贷款和信用卡账单。贷款方在将逾期还款信息报告给信用机构方面的动作尤其敏捷。

3. 不要让信用卡的月消费总额超过每张信用卡信用额度的10%。即使你打算还清全部余额，这一点也非常重要。为什么？如果你的信用额度使用过高，信用机构会将此视为你正在经受财务压力的征兆。

4. 不要注销不使用的信用卡账户。这样做会降低你的可用信用额度，进而你在其他信用卡上的借款相对于你剩下的可用信用额度的比例就会升高——这会让你显得经济压力增大了。

5. 除非完全必要，否则不要频繁申请贷款，也不要在短时期内开设过多的不同信用卡账户。比如说如果你正在寻找汽车贷款，你应该尽量在数个星期内集中提交申请。

    6. 利用信用卡和汽车贷款、抵押贷款或其他分期贷款的组合，从长远看这会对你的信用评分有利。但不要单纯为了提高信用评分而贷款，这样做在短期内不但无益于你的评分，而且还有可能对其造成不利影响。

> 如果一个人的自我价值感依赖于车子的
> 豪华程度和房子的大小，
> 那么心灵的宁静将永远会是一种奢侈。

个人理财工具箱   ✕

* 信用卡使用小技巧

* 在国内，信用卡已经得到了普遍使用，掌握一些小技巧有助于我们在避免过度消费的同时提升信用。

信用卡可从设置消费额度、申请电子账单和合理提升信用额度上管理。合理设置消费额度可防止过度消费导致的后期利息叠增。申请电子账单可以使消费更加透明，电子账单比纸质账单的速度更快，且也可作为对消费尺度的提示。如能在必要时提升信用额度，会使消费更方便，也可临时透支金额从而用于其他投资或者更有价值的事情。

第**40**天　开启财务生活的自动模式

有时候，我们是记性差——而有的时候，我们是根本不愿记住。

我们当中的许多人宁愿选择不去思考如何为将来存钱，尤其是在贪恋于某个崭新发亮的东西时。此外，我们常常会忘记当月的还款日，而未能及时支付账单。针对这两个问题的同一个解决方案：让财务生活进入自动模式。一旦我们让每月的财务管理自动起来，惯性就会化敌为友——而我们就会更容易履行财务承诺。

你可以为各种各样的账单设置自动支付，这些账单包括房贷、保险、水电费、电话费、有线电视等等。这样你既不必每月都去填写支票，也不会逾期支付贷款及其相关费用了。逾期付款行为也可能会减损你的信用评分。

一定要牢记两条告诫。

第一，要确保你的活期存款账户中有足够用于还贷的金额，否则你可能会因为透支、资金不足和逾期付款而遭受经济损失。如果你设置了自动还款的账单金额月波动不是很大，那么在活期存款账户中维持必要的账户余额就会更容易些。

　　由此引出第二条告诫：如果你为信用卡设置自动还款，一定要弄清楚自动还款的内容。稍有不慎，你就会发现，你自动支付的只是最低还款额——这就意味着你在还款的同时还要支付一笔荒唐的利息费。如果你的信用卡公司自动从你的活期存款账户中扣除全部的应还余额，其结果会怎么样？这样做会更好——但也会带来一定的风险：假如你的账单金额每月之间波动很大，你就需要格外小心，一定确保在支票账户中留有足够的资金。

　　账单自动还款能助你一臂之力，而自动定投更是当务之急。如果没有这种强制性的储蓄，我们很容易超支，结果成了月光族或准月光族。你应该优先考虑储蓄，然后无论剩下的钱是多少，你都要强迫自己依靠这笔钱过日子，而不是先考虑消费然后再将剩下的钱存起来——达成这一目标的途径就是制定自动投资计划。

　　我们之前讨论过通过工资缴费参与雇主退休计划的方法，以及按月自动为应急基金存款，直到你有充足的财务储备为止。但是，你可能还有其他目标，例如为孩子的大学教育存款，或者准备房子的首付。这些存款计划也应该被设置为自动状态。

　　假设你希望在未来五年内买房，你可以设立一个货币市场基金或短期债券基金账户。设置账户时，你可能会看到一个选项，账户请求自动从你的活期存款账户中划款并存入该账户。你应该直接签约该项业务，哪怕你每月只能缴纳 50 美元。它会让你养成一个极佳的习惯。你会想出办法来，让自己在没有这笔钱的情况下也能生活——而且但愿后来你会发现，你还能增加每个月自动定投的金额。

□ 是的，我已经为每月的账单设置了自动还款。

□ 是的，我在为所有的目标按月自动储蓄和投资。

如果你定期购买股票，那么你不必在意股市的升降与否：

股市上升，你可以赚钱；

股市下跌，你可以以更低的价格投资。

第41天　有效管理日常现金

在思考如何让钱生出更多的钱这件事时，我们通常会关注如何为自己的经纪账户和退休账户选择更好的投资选项，但同时也应该想一想如何管理我们的日常现金。

在这一问题上，可以考虑两个策略。

第一，尽可能利用积分信用卡消费，以赚取返还的现金或者旅行积分，但绝不可受此蛊惑而过度消费。如果你最终因此而出现欠款，你所赚得的积分可能远不足以用来抵偿你支付的利息。

第二，不要让大笔的资金无谓地滞留在你的活期存款账户中，存在这里的钱所得的利息很少甚至没有。更好的办法是：只在活期存款账户中保留足够支付日常开支和避免产生银行费用的资金。你可以将其余部分转移到与你的活期存款账户相关联的高收益储蓄账户中。[1]在前面的第19天里，我建议你开设一个高收益储蓄

---

1. 在国内，你可以动个指头轻易把借记卡中富余的资金转入风险小而收益合理的"余额宝"类现金管理工具中。——译者注

账户，用以存储你的紧急资金。你也可以使用这个账户来保存富余的资金——或者，如果你希望将这些资金池分开，也可以另设一个高收益储蓄账户。

将现金转移到收益率更高的账户，其好处是显而易见的：你可以赚得一些利息。你可以利用该高收益账户保存专门为诸如抵押贷款或信用卡账单准备的资金，然后在需要支付这些账单的时候，将现金转回到你的支票账户。或者，你也可以通过设置，让相关金额直接从你的储蓄账户中扣除。

将活期存款账户中多余的资金移走，也可以限制你非理性购物的可能性。我们当中的许多人都有一本*心理账户*：我们可以无所顾忌地使用活期存款账户，但却把储蓄账户和投资账户视作禁区。通过将活期存款账户中富余的资金移出去，你可以让这种心态变得对自己有利。

☐ 是的，我尽量用积分信用卡消费。

☐ 是的，我已将多余的现金从我的活期存款账户转移到了高收益的储蓄账户中。

即使他们的财务状况即将大祸临头，
大多数人还是宁愿选择虚情假意的宽慰，
而拒绝不擅恭维的事实。

个人理财工具箱 ✕

* 移动便捷支付环境下，如何管理自己的支付和储蓄账户？

　　* 目前，国内的移动支付非常便捷，不但借记卡中的活期账户与手机捆绑可随时使用购物或支付，连放在"余额宝"类现金管理工具中的储蓄也随时可以通过手机使用。因此，建议年轻人无论如何都要开设不与手机捆绑的银行货币基金账户，把部分富余的资金放在不能随时"秒用"的地方，否则，很难脱离月光族。

第42天　跑赢税收和通货膨胀

看着自己的各种储蓄和投资账户不断增值，我们会感觉心情愉快。但我们的财务状况是否真的有所进步？要想回答这个问题，需要考虑另外两个因素：税收和通货膨胀。

假设我们在自己的普通综合投资账户中购买了一个收益率为 4% 的债券，如果收益以 22% 或 24% 的边际税率缴纳税款[1]，那么就会有大约四分之一的利息收益交给了税收部门，最终的税后收益率降为 3%。这看上去似乎不算太糟糕——除非通货膨胀率也是 3%，如果那样的话我们只是在原地踏步。看到自己的账户增值了，我们的心情或许会为之一振。然而这种现象就是所谓的**货币幻觉**，实际情况是，我们的财务状况并没有比以前更好。

昨天，我鼓励你将活期存款账户上多余的现金转移到高收益的储蓄账户中。如果你需要很快花掉这笔钱，其利息收益的减少

---

1. 在美国，普通债券投资取得的利息收入需要作为个人全年收入的一部分来计算并缴纳所得税。在国内，目前这种收入暂免个人所得税。——译者注

可能也在你能够承受的合理范围之内的，而且这笔钱还会给你带来一些利息。但遗憾的是，这点利息可能根本不足以用来抵偿通货膨胀和税收所造成的损失。

相反，如果你希望战胜这两种威胁，并且让你的资金长线增值，你需要承担更大的风险。债券可以帮助你抵御通货膨胀和税收的威胁，尤其是利用延税或免税的退休账户购买的债券。但是如果你真的希望有效应对跑得更快的通货膨胀和税收，你需要承担更大的风险——从债主变成股东，这就意味着购买股票。

> **金融市场有两个主要功能：**
> **一是让我们随着时间的推移变得富有，**
> **它的另一面却是一路把我们逼疯。**

Day
36

七天 小结

A week Summary

42

1 两条买车的基本原则:

①购买新车之前一定要三思,因为你要为此支付一笔溢价;

②由于销售税、汽车注册费和经销商加价等问题,你更换车子的次数越多,其成本就越高。

2 提高信用评分的策略:

①不定时地检查信用报告,查看其中是否存在错误;

②按时偿还账单,特别是贷款和信用卡账单;

③不要让信用卡的月消费总额超过每张信用卡信用额度的10%;

④不要注销不使用的信用卡账户;

⑤尽量不要频繁申请贷款,也不要在短时期内开设过多的信用卡账户;

⑥利用信用卡和汽车贷款、抵押贷款或其他分期贷款的组合。

3 开启财务生活的自动模式:

①为每月的账单设置自动还款;

②为所有的目标设置按月自动储蓄或定投。

4 管理日常现金的两个策略:

①尽量利用积分信用卡消费,但绝不可过度消费;

②将多余的现金从活期存款账户转移到高收益的储蓄账户中。

5 如果你希望战胜税收和通货膨胀的威胁,并实现资金的长线增值,你需要承担更大的风险:债券,甚至股票。

第43天 是否要成为持有人?

　　无论是车子、房子还是投资,都会让我们面临一个重大的财务决策:你是否想成为一个持有人?就车子而言,这就意味着选择买车而不是租车。就房子而论,这是个要买房还是要租房的问题。如果是投资,我们就需要选择,是要购买股票还是股票型基金——会让我们成为相关公司的部分所有者——抑或是购买一些更为保守的投资产品,如债券、定期存单和储蓄账户,在这里我们只是把钱借出去并收取利息作为回报。

　　我们大多数人都希望成为持有人,认为自己有足够长的投资期。如果我们想开一辆新车,但是只打算开三年时间,那么租车或许是个正确的选择。同样,如果预计自己在某个地方定居的时间不会超过五年,那么我们或许就应该租房子住。在如此短的投资期内,我们不太可能有足够的时间看到房价的增值能抵偿买房之后再卖房所需支付的高额成本。这个道理同样适用于股票:如果我们需要在五年之内取回资金,就应该坚持做保守型投资,因为我们可能没有时间安然渡过股价低迷期。

如果投资期较长，那么会有一千个理由支持你成为一个持有人。不可否认，拥有房子远比租房子麻烦得多，拥有股票远比持有债券更令人焦虑，但是前者的回报也应该更大。通过购买房产，我们能够把月度开销中的一大部分锁定为当前价格，而且我们最终将拥有一大笔没有任何债务和责任的自由资产。如果长期持有，股票会产生远高于债券的投资回报。而买车会是怎样的情况呢？几乎所有的车都会贬值。尽管如此，我们可以选择多用几年——最好是在车贷全部还清之后还能坚持几年，这样会避免租车所造成的高额持续费用。

> 今天，我们担心股票是个很糟糕的投资。
> 三十年后，我们会纳闷自己当初为什么
> 会去买其他东西。

第**44**天 统计你的资产和负债

你有多富有？思考一下所有属于你的财产，以及你所承担的
全部债务——包括银行账户、退休账户、汽车贷款、信用卡债务
以及组成你人生财富马赛克的其他版块。将其列在下面，分别在
后面填写相应的金额。

你的财产   价值

_____   _____

_____   _____

_____   _____

_____   _____

_____   _____

_____   _____

_____   _____

总额   _____

你的债务	金额
_____	_____
_____	_____
_____	_____
_____	_____
_____	_____
_____	_____
总额	_____

从资产价值中减去债务：

净值   _____

    在计算客户的净资产时，理财顾问会将汽车贷款和信用卡债务纳入考虑范围，但不会考虑用这些债款所购买的财物。为什么不予考虑？你的汽车、家具和大部分其他家用物品都会贬值，并最终一文不值。但也许更为重要的是，假如你深陷经济困境，你不会真的卖掉这些东西。不然你该坐在哪里，又如何出行呢？

    一些理财顾问会更进一步，将房贷的债务计入负债，而只将客户房产价值的一部分视为资产——而且条件是客户有计划要在退休时换一套较小的房子，从而能释放出房产净值。这与上述将财物排除在外的理由相同：人终归要有个住的地方，所以你不可能真的把房子卖了来换取用于日常开销的钱（尽管退休后，你可能会考虑反向抵押贷款）。

想要看到真正的重点吗？通过将目标成本列为负债，此项分析会变得更加复杂化。要想舒舒服服地退休你需要 100 万美元，而想要让两个孩子进入州立大学还需 20 万美元？那么你的负债中又会增加 120 万美元。

开始感觉自己变穷了？如果你打算将目标成本计入负债，那么合理的做法是，将你自己也看作一份重要资产——人力资本。如果你是二十几岁，根据职业的不同，你未来的赚钱能力可能在 150 万美元（比如文职人员）至 500 万美元或更多（比如律师）。这一赚钱的能力将会为你提供实现生活目标所需的积蓄。

如果我们的额头上都张贴着个人的资产净值供众人观看，

那么图书馆里将会人满为患，

二手车将成为身份的象征。

第45天 理财生命周期

两天前，我们讨论了成为持有人的好处。昨天，我们统计了你的资产和负债。在你的一生当中，这一切会发生怎样的变化呢？

刚刚踏入成年生活的时候，我们或许背负着沉重的学生贷款，手里只有很少的存款或者一无所有，但是我们还有四十年的薪资在前面等着自己。及至退休，工资没有了，但是——如果一切顺利的话——也没有了债务，并且有了自己的房子，和一大笔积蓄。这些积蓄可能是以各种股票和债券的形式存在。

那么在这两个时间节点之间又会发生些什么呢？一开始，债务会迅猛地堆积起来。除学生贷款之外，我们可能还有用于买车的汽车贷款和用于买房的抵押贷款。显然，一定要警惕，不可过度贷款。但借债不失为一种明智的策略，因为它能为我们的财务生活助一臂之力，而且我们知道未来自己还有数十年的薪资可以用来逐渐削减这些债务。

成年生活的初期，在承担债务的同时，我们也应该开始为未来储蓄。我们应该如何用这部分资金进行投资呢？如果你有一些五年以上的长期目标——比如退休和孩子的大学教育——这些资金应该主要投入到股票中。尽管这看上去是有风险的。

　　但如果从更广阔的财务大局来看，上述投资的风险是适度的。与我们希望获得的薪资相比，放在投资组合中的资金量可能微不足道。由于薪资很可能会是我们的一个相当稳定的收入来源，因此我们对债券以及其他更为保守型投资的需求会相对较少，这类投资产品的卖点主要是其稳定的价值和定期支付的利息。

　　除此之外，我们还会定期将未来薪资中的一部分储蓄起来。这样，我们就有能力购买价格不同的股票，有些是高价位，有些是低价位。如果股市崩盘了会怎样？这听上去是个坏消息，但它同时也可能是个发财的机会，因为我们可以在股价最低的时候买入。简而言之，在成年生活的大部分时间里，我们不仅拥有获取健康的股市收益所必需的投资期，而且几乎不需要购买保守型投资产品，因为我们不需要依靠投资组合来赚取收入。

　　到了快要退休的时候，情况就会不一样了。我们的薪资即将消失，而我们很快就需要开始从投资组合中提取资金。这就意味着，我们需要将大约一半的资金投给保守型投资，而将另一半投给股票，以便它能带来持续的增值。随着薪资的消失，偿还债务会愈加不容易，因此应该避免再借新债，并且还清现有的全部贷款。

成年生活刚开始时，我们大多数人几乎身无分文，
却有大把的时间——而这是能够将小额资金转化为
巨额财富的优越条件。

Day 45

第46天　瞄准长期财务目标

　　我们已经仔细研究了你的日常开支以及你在未来几年内想要购买的贵重物品，接着我们又试图确保你能把钱用在刀刃上。现在，我们即将应对的是最昂贵的一项：你的长期目标。

　　通常情况下，我们只有三个长期目标：退休、子女上大学以及买房子。但是你可能还有其他目标，比如购买第二套住房，或者一项需要依靠多年储蓄才能实现的重大装修项目。请在下面表格中列出你的长期目标，设定目标达成的日期，并且估算出每项目标的成本。最后填写一些补充性的细节描述，例如你希望在什么地方退休，你想要购买哪种房子，以及你希望你的孩子上哪所大学。这些补充的细节可以让你的目标显得有血有肉——同时也有助于激发你的动力。

142 财务幸福简明指南
From Here to Financial Happiness

你的目标	达成日期	成本	补充细节

如果看不清自己财务生活的方向，
我们最终的归宿很有可能会是某个自己不喜欢的地方。

Day 46

第**47**天　即刻启动退休储蓄

现在，你已经确立了长期目标。但是，哪些应该是你需要优先考虑的呢？这个问题很容易回答。如果按时间顺序，退休可能是我们所有人生目标当中的最后一个，但是我们却应该始终将它放在第一位——因为这是唯一一不得不选的目标。

是的，我们可以不必买房子，我们可以不必支付让孩子接受大学教育的费用。但是，除非是过早离开人世，几乎可以肯定我们总有一天会退休，而退休就要涉及很大一笔钱。为了积攒起这笔必要的资金，我们有必要将退休储蓄看作整个职业生涯的重中之重。

我知道这听上去似乎是倒过来的。为什么要优先考虑退休——一件有可能是很遥远的事——而不是专注于买房和为孩子支付上大学的学费这些迫在眉睫的事情？许多人推迟了为退休储蓄，而将注意力放在这些更迫切的目标上，这是一个巨大的错误。如果我们将为退休储蓄这件事推迟到三十多岁末甚至四十多岁才开始，那么为了能积攒起足够的钱让自己过上舒适的退休生活，我们将会承受相当大的压力，除非我们能够找到一些办法，能将年收入的 20%（可能还需要更多）储蓄起来。事实上，如果我们拖延得太久，可能就没有办法让资金额有效增值，突然之间，你所面对的可能是穷困潦倒的退休生活，或者是比我们预期要长得多的职业生涯。

我的建议：进入职场之后，应该立即开始为雇主的退休计划缴费，或者向个人退休账户中存款，最好是两者兼顾。这可能会是一项艰巨的任务——你的收入可能不高，而且还可能正在偿还学生贷款——但是它潜在的收益是巨大的。你存下的每一元钱都有可能享有数十年的投资复利，这会让你能够更加轻松地积累起过上体面的退休生活所需的巨额资金。

为房子的首付和孩子的大学教育储备资金，又会是怎样的情况呢？二者都是值得追求的目标，而且如果可以，你应该努力为之奋斗——只是不要以牺牲自己的退休生活为代价。

如果错过了启动退休储蓄和投资的最佳时机，

那么今天就是下一个最佳时机。

第**48**天　想象完美的退休时光

想象一下你完美的退休时光。每天的上午、下午和晚上你都会怎样度过？列出你从起床到睡觉之间这段时间可能会做的事：

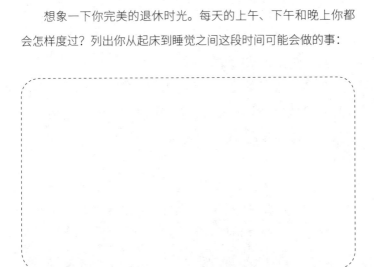

按照这个日程安排生活一两个星期，毫无疑问你会很开心。但是如果你在余生中的每一天都重复这些事，你还会开心吗？许多退休的人都存在将退休生活与假期混淆的问题。他们把退休看作是一次长假，并且很快感到厌倦甚至抑郁，因为他们发现，没完没了的娱乐和消遣并不总是那么惬意。相反，他们十分向往曾经更有追求的日子。

你可能在想："干吗拿这事儿来打扰我？我离退休还早着呢。"

你的话或许是对的。但是你应该事先考虑退休生活，这和你应该回顾生命中最美好时光的道理是一样的。这样你才能够了解自己真正喜欢的东西——而且这种回顾与展望不仅为你的退休生活，也为你今后的业余爱好和其他可能从事的职业设计出一幅蓝图。你应该发掘出自己所热衷的、感觉有挑战性的、对你很重要并且相信自己能做好的事情。

当我们从事这类活动时，会发现自己处于一种所谓的**心流**（flow）[1]状态当中。我们完全陶醉其中，时间在不知不觉间飞逝而过。也许你自娱自乐的活动不落俗套，但那些可能是你最快乐的时光。

这些活动会激励我们早上起床，为生活增添目标感，无所谓是在工作期间还是已经退休。事实上，我愿意看到工作与退休之间的差异消失。我们应该将一个阶段视为另一个阶段的延续：在退休生活中，我们应该持续专注于能让自己感到愉悦满足的事情，无须再受制于养家糊口的无奈。

---

1. 心流（flow）：指人们全神贯注于当下进行的某件事或某个目标中时，所体验到的一种很享受的精神状态。——译者注

　　发现了你迫不及待想要投入更多时间去做的事情？但愿这会激励你尽快让自己的财务管理变得井然有序——从而能拥有财务自由去过自己想要的生活。

我们会用数十年的时间为退休做财务准备——却很少考虑打算用这些空闲时间做些什么。

第49天　确定退休储蓄目标金额

想要过上舒适的退休生活需要多少钱？有一个简单粗略的计算方法：用你现有的税前年收入乘以 12。假设你的年收入是 50 000 美元，那么你需要为退休准备大约 600 000 美元的净资产。净资产是指从金融账户的资金总和中减去全部债务之后所剩下的金额。

这一计算方法背后的逻辑是什么呢？一个很流行的经验法则认为，在退休的第一年，你可以提取投资组合价值的 4%，之后随着通货膨胀可以逐年提高取款额。以前面的 600 000 美元为例，按照 4% 的提款率——相当于从每 100 000 美元储蓄金中提取 4 000 美元——你可以在退休的第一年中提取 24 000 美元。这几乎相当于我们刚才假设的 50 000 美元年收入的一半。

除此之外，你还有可能享有社会保险金。普通的社会保险金大概是每年 16 000 美元。将这个数字与你从投资组合中提取出的 24 000 美元加在一起，你会得到每年 40 000 美元的退休金。通常情况下，如果你的工资较低，你的社会保险金与你在工作收入之间的百分比就会较高。如果是这种情况，那么在某种程度上减少些储备金也是可以的——或可减少为现有税前年收入的 8 倍。

　　同样地，如果你拥有一份传统的雇主养老金，按月为你支付退休时的收入，那么尽管储蓄少一些你或许也可以安然无忧。如果你不仅有资格获得社会保险，而且还可以获得相当于你工资的四分之一的退休金。那么相应地，你的储蓄金目标就可以是现有收入的 6 倍。

　　即使你兼具社会保险金和养老金，你在退休之后的收入也还是有可能低于工作时的收入。但别忘了，你的支出也可能会降低。一旦退休，你就再也不必为退休存钱了，而且也无须再支付社会保险和医疗保险工资税。这些费用加起来可能一直在吞噬着你收入的 20%。如果你拥有自己的房子，但愿你在退休之前已经还清了房贷，这也会进一步削减你的生活成本。

　　现在，看完了这些计算的过程和结果，问自己两个问题：

　　□ 退休之前我需要将相当于收入多少倍的钱存起来？ _____
　　□ 具体金额是多少？ ￥_____

　　如果想要了解你的目标退休存款总额是否正确，可以访问 Calculator.net 网站并利用里面的投资计算器计算一下。点击"最终金额"选项，然后填写你希望多少年以后退休、你目前已经为退休储蓄了多少钱，以及你每月在各种退休账户中储蓄的总金额。

假定收益率为 2%。这个值可能看起来有些低，但请记住，我们需要考虑通货膨胀和投资成本的因素。

距离你的目标还有一定差距？你可以每个月再多储蓄一些，或者将你的退休时间推迟几年，或者让退休生活过得更节俭一些，或者考虑将上述方法结合起来。你有哪些计划呢？

> 每个月为退休储蓄的钱都不多不少刚刚好，
> 这或许是最理想的状态。然而现实生活要凌乱复杂得多：
> 你退休前能攒多少，退休后就有多少——而且越多，越好。

个人理财工具箱　　　　　　　　　　　　　　×

* 退休养老保障

* 国内的**退休养老保障**通常包含以下几个层次：社会养老保险、商业养老保险、企业养老保险和自我积蓄的养老金。

◎ 社会养老保险为企业和个人每月按一定比例缴费，等个人退休后，就可以领取每月缴费的一定比例的养老金。

◎ 商业养老保险则为从社会上的各种保险公司购买养老保险。

◎ 企业养老保险是个人和企业共同拨出一笔钱进行投资然后个人在退休后按照一定的条件获得其本金与收益（如部分企业提供的企业年金计划）。

◎ 至于自我积蓄则为自己积攒的养老金，需要通过投资等手段使得有限资金利益最大化，从而可以积攒更多储蓄供退休养老之用。

Day

43

七天
小
结

A week

Summary

49

1 选择购买车子、房子、股票投资，成为一个持有人，还是选择租车、租房、保守型投资？这应该视你的投资期长短而决定：如果投资期较长，毫不犹豫地选择前者吧；但如果投资期较短，就只能选择后者。

2 在我们的一生中，财务生活会发生如下变化：

①在成年生活的初期，适度借债可以助我们一臂之力，同时我们也应该开始为未来储蓄。

②在成年生活的大部分时间里，我们不仅拥有获取健康的股市收益所必需的投资期，而且几乎不需要购买保守型投资产品，因为我们不需要依靠投资组合来赚取收入。

③快要退休时，我们很快就需要开始从投资组合中提取资金。这时，我们需要将大约一半的资金投给保守型投资，而将另一半投给股票，同时避免欠债。

3 在所有的长期财务目标中，我们需要优先考虑退休，将退休储蓄看作整个职业生涯的重中之重。因此，进入职场之后，我们应该立即启动退休储蓄。

4 想象完美的退休时光，找到你迫不及待想要投入更多时间去做的事情，这会激励你尽快让自己的财务管理变得井然有序——从而能拥有财务自由去过自己想要的生活。

5 一个简单粗略的确定退休储蓄目标金额的方法：用你现有的税前年收入乘以12。如果你享有社会养老保险、企业年金计划或商业养老保险，那么或可适当减少这一倍数。

第**50**天　需求第一，愿望第二

　　你能买得起梦想中的房子吗？你有足够的资金支付孩子的大学教育？去欧洲度假两个星期是否是个慎重的财务决定？我不是在教导你怎样花钱。在我看来，你的钱随便你想怎么花——只要你能照顾好未来的自己和所有在经济上依赖你的人。

　　这就意味着你要确保每个月能为退休储蓄足够的钱。此外，在你的财务工具箱中，至少还需要另外四个工具：应对失业的应急计划、医疗保险、伤残保险（如果你的储蓄低于 100 万美元）和定期人寿保险（如果你的储蓄低于 100 万美元并且有一个在经济上依赖于你的家庭）。所有这些都搞定了？那么其他的财务选择尽可任你随意处置。

　　一旦你的各种经济需求都得到了妥善处理，但愿你在财务上能有一些回旋余地——这样你就可以把钱花在你想要买的东西上。这正是为什么我们之前花了那么多的时间集中讨论你日常生活中最喜欢做的事，以及你对未来的期望。

　　那么你最看重的是什么？有些人会想用自己有周转余地的钱

买房子甚至是买第二套住房。另一些人则想要让孩子上个好大学，或者为自己买辆车。还有些人希望利用富余的资金进行特别的旅行，或者过上更奢侈的日常生活。所有这些都不是糟糕的选择——只要它们是你真正想要的，只要它们不会以牺牲未来的自己为代价。

许多人认为制定月度预算和追踪日常开支值得推崇。如果你是在拼命地量入为出，并且关照着未来的自己，那么这些可能是必要的。但是如果你已经为未来准备了充足的储蓄，并且有应对不测的预防措施，大概就没有必要过分担心预算和追踪开支的事情了。我们的目标非常简单：你应该在今天储蓄充足，以便将来能有足够的钱花——同时今天的钱应该花在你真正认为有价值的事情上。

□ 是的，我有用于照顾家人和未来自己的必要措施。

> 车子很豪华，但是否是租来的？
> 房子很大，但房贷有多少？花园很美丽，
> 但是园艺设计师的费用支付了吗？

第**51**天　警惕房子的误区

我认为每个人都应该立志成为一个业主，因为如果你希望让自己的住房成本保持在较低水平并且最终将其完全消灭，这是一个极佳的途径。当然，如果你拥有了自己的房子，你将会面对持续升高的房产税[1]、不断上涨的业主保险费以及没完没了的维护和维修费用，而且这些费用会永远与你如影随形。

但是，如果你承担的是固定利率按揭贷款，那么你的核心成本——你每月支付的房贷的本金和利息——永远都不会上涨。事实上，因为工资会随着通货膨胀和绩效奖励的上调而不断攀升，

---

1. 在欧美国家，房产税几乎适用于所有私人拥有的物业，通常由物业所在地的市政府每年按物业的市场估值以一定的比率（如美国不同城市通常按1%~3%之间的不同比率）征收。对于业主而言，房价涨了，房产税就水涨船高；涨到业主负担不起了就要卖房子。而我国的房产税一直没有正式出台，多年前在重庆与上海有过试点，都被认为是"超级温柔版"，只针对增量豪宅，而且仅针对非户籍居民购房者以0.5%~1.2%的税率开征，既维护了既得利益者的利益，又未能对存量房的既得利益进行有效调控、合理调节，对政府而言增加的税收也非常有限。至于国内房产税何时完成立法程序，何时开始以何种方式全面开征，目前还难以估计。——译者注

所以你将越来越有能力负担这笔费用。如果你选择的是可调息房贷，那么你所要面临的不确定性就会稍微多一些，但你每月随通胀调整后的按揭还是会随着时间的推移而减少。

更好的消息是，一旦房贷还清，你每月的一项主要开销会就此结束。而租房的人就得不到这种解脱：他们面临的是无休止的、不断上涨的房租。

尽管如此，虽然拥有自己的房子是个明智之举，但千万不要头脑发热，去买一套大得离谱的房子。拥有一套远远超过自己家庭需求的房子毫无益处。为了理解这背后的逻辑，让我们将源自房产所有权的收益分成两部分进行剖析。

第一部分是房价的上涨。从长远来看，如果不考虑成本因素，房价的上涨可能会略微超过通货膨胀。但是，如果减去维护成本、房产税和保险，房价上涨所带来的收益可能会远远落后于通货膨胀——你可能会亏钱。结果是：如果你买了一套面积过大的房子，这就相当于你是在向一个几乎不会因价格上涨而产生收益的投资产品高额投注。

所幸，房屋所有权收益还有另外一个组成部分：**估算租金**。什么是估算租金？如果你是住在自己的房子里，你实际上是在把房子租给自己——这就意味着你从房产上获得了很多价值。具体是多少价值呢？思考一下假设你把房子租出去，每年可以收取多少房租，然后将一年的租金与你房产的现时价值进行比较。你的年估算租金很有可能相当于房产价值的 6% 或 7%。

结论：房子的估算租金远远超过业主们热衷于吹嘘的房价升值。这在财务上意味着什么？如果你正在买房，或者打算换一套大房子，那么你的目标应该是为你和你的家人买一套足够大的房子，但不能大过需求。如果你买了一套超大的房子，你无异于是在把钱扔进垃圾堆。这就如同租了一个很大的空间，但只用了一半的房间。

经受不住诱惑想要卖掉股票去买出租房？请记住，股票不会在凌晨2点打电话过来，抱怨厕所堵了。

第**52**天 买房前的财务核对清单

正在考虑买房或者打算换一套更大的房子？请看下面的一份财务核对清单：

□ 是的，买房是我明智的选择，因为我打算在这里定居至少五年，也有可能是七年甚至更长时间。

如果你的投资期稍微缩短，一旦房价下跌而你又不得不在价格回升之前卖出，那么你可能就会赔钱。即使你能够从房价上涨中获益，这些收益也有可能被买房后再卖房的成本所抵消。

□ 是的，我已经查看了自己的信用报告和信用评分，所以我知道我会是贷款方眼中值得信赖的借款人。

在申请房贷之前，最好至少提前六个月查看一下你的信用报告和信用评分，以便你能有时间修正报告中的错误，并采取措施提高你的信用评分。

□ 是的，我有足够的钱支付房子的首付，或者我已经开始储蓄必要的资金。

为了避免私人房贷保险的费用，你应尽量支付20%的首付款[1]。即使你无法支付20%，首付占比还是越大越好。在你买房之前，你可以将这笔未来的首付资金投入货币市场基金或高收益储蓄账户中。

□ 是的，我意识到我将面临其他购买成本，包括法律费用、产权保险、搬家费、房贷申请费等等，所以我有为支付这些账单而额外存款。

虽然买房的成本是高昂的，但由于卖房时你可能要支付5%或6%的房地产经纪佣金，所以卖房的成本更高。这就是你持有房子的时间至少要五年的一个原因，这样你才有可能通过其价格升值来抵消买房后再卖房的高昂成本。

想要摧毁你的幸福吗？那就买一套能带给你无尽的维修费用和长途通勤的大房子。

---

1. 在美国，商业银行一般要求首套房的贷款中，借款人必须提供20%以上的首付，如首付不足20%，借款人可向房利美、房贷美等政策性机构申请房贷保险，如果获批，这些机构为银行提供贷款保险，好让银行能发放住房按揭贷款，保险费用当然是由借款人负担了。——译者注

第53天　为孩子提供经济支持

　　你是否为人父母？你有没有需要养育的孩子？如果有，你需要在经济上提供什么样的支持？请列出你需要支持的对象、你打算帮助其实现的目标以及你愿意投入的金额，金额可以是整笔款项，也可以是每月定期投入。

支持对象	支持目标	资助额
_____	_____	_____
_____	_____	_____
_____	_____	_____
_____	_____	_____

　　你的目标或许是资助其一笔购房的首付款，或者是为其买一辆汽车。但是有可能成为最昂贵的一笔开销的，是上大学的费用。如果这一项列在了你的清单上，那么你需要找到一个提供资助的

最佳途径。下面为你提供一个思考这一问题的简单方法：

如果你为人父母，你或许应该集中精力去改善自己的经济状况，包括开设退休账户、购买住房以及偿还债务。这些措施会让你的财务逐渐进入良好的状态，这样一旦各种大学费用纷至沓来的时候，你会更加得心应手——而且，你改善自身经济状况的措施不会妨碍他们获得助学金的资格[1]。

> **是否到了应该和孩子们谈谈的时候了？你知道，关于那件很重要的事——你需要为他们的学业（或房子、车子）提供多少经济支持。**

---

1. 在美国、加拿大等发达国家，大学生通常可以向政府申请免息助学贷款（本金通常也获得一部分减免）等财务助学手段来解决学费及生活费的来源问题。父母的收入水平会影响政府对学生获批额度的决定，通常是父母收入水平较高的，学生获得的资助会较少，但父母的财产净额、结构、质量等均不作为资助额度的评估因素。——译者注

第54天　为孩子准备终生的经济礼物

　　此前在第 6 天的时候，我们讨论了复利。我当时提到，如果你投资 1 000 美元，并且年收益率是 6%，那么 30 年后你会得到 5 743 美元。但是，如果让这 1 000 美元增值的时间增加一倍——而且如果其增值是免税的，结果会怎样？ 60 年后，你会得到 32 988 美元，供你随意花费。

　　由此我想到，你可以为十几岁或二十几岁的孩子准备一笔可观的经济礼物。如果他们已经有了收入——也就是说他们有一份可以赚钱的工作——你可以帮助他们投资罗斯个人退休账户。最高供款额可以是他们年收入的总额，也可以是当年的法定限额（2018 年为 5 500 美元），二者取其低。罗斯账户没有针对首笔支付的税收减免。但是，作为对放弃即时税收减免的回报，你将获得免税增值，而非税收递延（意思是说你的收益最终还是会被征税的）增值。[1]

---

1. 帮孩子投资罗斯个人退休账户这一手段不适用于中国，但是一定要树立对孩子进行金钱教育的观念，这才是真正给孩子的终生的经济礼物。——编者注

　　一个十几岁的孩子可以轻松地从罗斯账户中获得 60 年的免税增值，或许还会更多。而且如果你不关闭罗斯账户，那么你心爱的孩子每年还可以继续存款——退休到来之时，这个账户的价值有可能会超过 100 万美元。请记住，如果收入过高，你是没有资格投资罗斯账户的，但这对于职业生涯刚刚起步的年轻人来说不大可能是个问题。

　　想让你的孩子在这场存钱的游戏中略显身手吗？你可以跟他们这样提议：孩子每存入一美元，你也存入一美元。如果这看起来难以实现，那么你可以从每存入一美元赞助一美元，提高到每存入一美元赞助两美元甚至三美元。在开设账户的同时，你应该抓住机会向他们讲解投资的知识、罗斯个人退休账户的优点，以及你选择的具体投资产品。

　　是否觉得很有趣？列出你想要为其启动终生投资的少年或青年人：

如果我们不对孩子进行金钱教育，总有一天经纪人会给他们一些教训，让他们刻骨铭心。

第**55**天　反思过往的投资经验

今天，我们来考察一下你作为投资者的经验。先来看两个观念。首先，历史行为是未来行为的最可靠的预言家。其次，我们对过去存在着错误记忆。

事实上，"错误记忆"这个说法未免太客气了。我们经常认为自己的投资业绩比真实情况好得多。我们会误以为自己曾经预见过重要的市场走势。我们甚至还可能记得自己曾在市场下滑期勇敢地买入，然而实际上，我们当时是在恐慌、在抛售。我们一直在对自己撒谎——然而我们甚至不自知。

所有这些都让人难以成为一名更优秀的投资者。想要了解你过去的明智之举以及错误行为吗？清空记忆，关注证据：

◎ 如果你的经纪公司，比如 401（k）退休计划的提供商或者基金公司，为你计算出了个人回报率，你应该将这一数据与一些主要的市场指数加以比较。比如，你可以将自己的个人回报率与先锋集团的股票市场综合指数基金及其债券市场综合指数基金的收益情况进行比较。一定要确保你所查看的个人与市场收益情况发生在同一时期。你的个人收益是否看起来比较差？或许你应该放弃选择那些赚大钱的投资，而去购买单纯以追踪市场表现为目的的指数基金。

◎ 如果你在 2008 年末至 2009 年初全球股票市场崩溃期间有过投资，那么拿出你的旧对账单，回顾一下你当时是在买入股票还是卖出股票。如果你是在卖出，这表明你的风险承受能力较低——你应该选择更保守的投资组合。

◎ 查看一下你在过去一年里卖出了多少股票和股票型基金。几次的卖出可能意味着你需要现金，或者你正在调整自己的投资组合以使其与你的目标投资组合保持一致。但是，如果存在多次卖出情况，这可能反映出你的投资策略在频繁发生变化——表明你可能不确定自己在做什么。

无论我们看或不看，
今天的股票都会波动。

第56天　避免长期投资的重大风险

　　当我们在为一些长远的目标投资时，比如退休或者蹒跚学步的小孩的大学教育费用，需要权衡两个重要的风险。首先是投资过于保守的风险，这会导致投资回报过于有限，而无法抵御税后和通货膨胀的双重威胁。其次是投资过激的风险，其结果是让自己陷入面对新一轮大规模市场下跌的惶恐不安之中，甚至可能在最不利的时机撤离股市。

　　第二个风险可能更具破坏性。如果我们在市场崩盘期间惊慌失措并以低价售出，所付出的财务代价可能是毁灭性的。昨天，我们审视了一番你的投资经验。你是否有过在投资产品之间不断跳转的经历？如果有过，那么你应该避免购买个股，转而选择共同基金——尤其是那些市场风险敞口（market exposure）[1]较大的基金——同时偏向于比较保守的投资组合。

　　如果你的投资经验很少甚至根本没有怎么办？在你能够对自

---

1. 风险敞口：指未加以对冲的风险。——译者注

己的风险承受能力有更充分的了解之前，明智的做法是谨慎行事，持有一些比较保守的投资组合，或把资金分置于股票和债券基金两个篮子里。如果你已经在股票市场投资上小试牛刀数载，并且感觉可以承受些风险更大的投资，那么你或许可以增加对股票的配置。

□ 按照从 1 到 10 的等级，其中 10 表示你全然无所畏惧，你如何评价自己的风险承受能力？ ◻◻◻◻◻◻

□ 按照从 1 到 10 的等级，其中 10 表示你是一个投资理念始终如一的顶级知识型投资者，你如何评价自己的投资能力？ ◻◻◻◻◻◻

现在，问自己一个问题：你的投资组合是否反映了你对自己的风险承受能力和成熟程度的看法，你是否过于激进或过于聪明？

> **如果暴跌的市场不能让你兴奋，**
> **那么投资将永远令你焦躁不安，**
> **成功或将永远不可企及。**

Day
50

七天小结
A week
Summary

50

56

1 你应该在今天储蓄充足，以便将来能有足够的钱花——同时今天的钱应该花在你真正认为有价值的事情上。

2 买房是个明智之举，但买一套大过需求的房子则毫无益处。**买房前的财务核对清单：**
①确定你在某地定居至少五年；
②申请房贷时，至少提前六个月查看你的信用报告和信用评分；
③确保有足够的首付款；
④为法律费用、产权保险等其他购房成本额外存款。

3 如果你为人父母，你应该：
①集中精力去改善自己的经济状况，包括开设退休账户、购买住房以及偿还债务；
②为你的孩子启动终生投资，有了时间和复利的加持，这将成为一笔可观的经济礼物。

4 审视过往的投资经验，客观判断出你的风险承受能力和投资能力。进行长期投资时，应警惕两大风险：
①投资过于保守，导致投资回报过于有限，而无法抵御税收和通货膨胀的双重威胁；
②投资过激，对市场下跌惶恐不安，甚至可能在最不利的时机撤离股市。

第**57**天 合理设置投资组合

驱动投资组合的短期价格波动及可能的长期回报的关键因素即所谓的**资产配置**。什么是资产配置？资产配置是四种投资类型的基本组合：股票，债券，货币市场基金和储蓄账户等现金投资，以及黄金、房地产和对冲基金等另类投资。

股票在短期内无疑是具有风险性的，但长期来看，股票可以成为投资组合增长的引擎，其产生的收益可以轻易地赶超通货膨胀。现金投资几乎永远是低风险的，但是如果将通货膨胀和税收纳入考虑，现金投资极有可能让我们亏损。

债券和另类投资会是怎样的情况？大多数债券都可以算作保守投资，没有太大的价格波动，却能产生持续稳定的利息。但有些债券却有可能给投资者以惊险的体验，譬如高收益的垃圾债券、新兴市场债券以及至少 20 年后才能到期的国债。

同样，另类投资也是个大杂烩。另类投资的希望在于，当股票市场下跌时，它们就会带来收益。然而它却并非总能信守这一规律——许多产品也会遭受巨大的价格波动。这就是为什么投资者通常会将另类投资限制在投资组合总价值的 10% 以内，而有些人甚至会完全避开这一类别。

你应该为每一个重要投资目标设置目标资产配置。例如，如果你计划在未来三年内买房，那么你就无法承担很大的风险，因此你的目标资产分配应该是 100% 的现金投资。但如果你在为 30 年后的退休金做投资，那么你的目标资产可能是 90% 的股票和 10% 的债券。

在下面的表格中列出你的主要目标，及其相应的目标资产配置——你的投资在股票、债券、现金投资和另类投资中的百分比：

目标	投资组合			
	%股票	%债券	%现金	%另类

我们对股票、债券、现金和另类投资的精确组合，
并不比我们对其坚守的意愿更重要。

第58天 实现投资多元化

一旦你为任意一个特定目标设定好资产配额，下一步的任务就是多元化——这就意味着要购买许多不同类型的证券。

不可否认，对于现金投资来说，多元化并非如此重要。如果你有一个货币市场基金，那么开设一个高收益储蓄账户就很难被认为是一种**投资多元化**的手段。相反，在债券、另类投资和股票方面，多元化则发挥着相当重要的作用。

假设你只拥有单独一家公司的股份。如果这家公司陷入了财务困境，你该怎么办？无论股票市场的其余部分表现如何，你都极有可能损失大部分甚至全部的投资。只在一家公司高额下注，你将会承担巨大的风险，最终一无所获。

为了避免这种命运的发生，你需要拥有许多不同的股票——不管是大的还是小的，国内的还是国外的。同样，你还应该拥有许多不同的债券，如果你选择另类投资，你应该购买许多不同的证券。通过广泛的多样化，你可以降低持有任何一个特定的股票或债券所承担的风险，并且因承担风险而获得回报的可能性也会

大大增加。换句话说，如果你的投资是多元化的，而且金融市场
持续上涨，那么几乎可以肯定你的投资组合会搭上顺风车。

购买如此多的股票和债券可能听起来令人发怵。但是实际上
这么做相当容易——得益于基金和交易所指数基金的存在。基金
无非就是将一大堆不同的股票、债券和另类投资捆绑在一起，让
投资者能够便捷地通过相对适度的投资，获得较大的市场风险敞
口。以前文提及的先锋集团的全球总股票指数基金为例，该基金
拥有来自全球金融市场各个角落的约 8 000 只股票，其多元化程
度是惊人的——而开设一个账户只需 3 000 美元。

> **很奇怪，当我们不予理会时，投资组合会快速增
> 长——而一旦我们插手，它却会戛然而止。**

第**59**天　压缩投资成本

　　在巨额收益前景的迷惑下，投资者往往极少考虑投资成本。但是一不小心，你可能会发现自己支付了相当于投资组合价值 2% 的年度成本，也许还要更多。如果我们购买高费率的基金，购买以投资为定位的保险产品，交易过于频繁，或者聘请一位诱导我们去购买成本更高的产品的经纪人或理财顾问，都有可能让年投资成本达到那个 2%。

　　诚然，每年从投资组合价值中支出 2%，这听起来似乎也不算太糟——这也是为什么华尔街喜欢用这个数字来编制投资成本。但是，这 2% 有可能会将每年潜在投资回报的一大块吞噬掉。假设股市的年回报率为 6%，如果我们支付 2% 的投资成本，所得的净回报率将是 4%。这就意味着在我们的潜在回报中有三分之一落入了华尔街的腰包。

　　你今天的任务：弄清楚自己的投资成本。

　　考虑到保持投资成本最小化的重要性，这一任务比正常情况下的要困难得多。一些投资产品，如储蓄账户、定期存单、固定年金或现金价值人寿保险，都没有明确的费率，但这并不意味着这些产品是便宜的。尤其是保险公司，它们所出售的几乎所有投资产品都要向相关销售人员支付高额佣金，并且实际上是收取着持续的高额成本。但是很遗憾，这一点并没有明确地向投资者公开——而且也许根本不可能公开。

另一些投资产品——例如购买个股和债券——可能看似便宜，因为你需要支付的佣金可能会很少甚至根本没有。但是，魔鬼藏在个股的交易差价和单个债券的加价这里。每种股票和债券都有两种价格：当前你能买入的较高价格以及当前你能卖出的较低价格。价差或加价代表这两种价格之间的差，但是对于普通投资者来说，计算出这个差值是很困难的事。

然而，还有一些投资产品——尤其是基金，包括你的雇主退休计划中的基金——清楚地表明了买卖基金时需要支付的认购费或申购费（如果有的话），以及持续的年度费用。理想情况下，你持有的基金应该是非负荷基金，也就是说买卖时无须缴纳认购费或申购费，并且年度费率低于 0.5%，相当于你每投资 100 美元需要每年支付 50 美分。费率越低越好。

在下表中列出你所持有的投资产品及其申购和赎回的成本，以及与之相关的持续费用。如果你无法计算出成本，可以填写"无"，或者"没有"。如果表格中显示出许多"无"或"没有"，那么这是对你的警示信号——表明你为投资所付出的代价可能远远高于你所意识到的。

投资产品	买入成本	持续成本	卖出成本
————	————	————	————
————	————	————	————
————	————	————	————
————	————	————	————
————	————	————	————
————	————	————	————

当我们购买某个投资产品时，我们无法确定自己
最终是否会赢。但如果我们能够压低成本，
至少我们手里的钱总会比赚到的多。

第60天　降低税收成本

　　在力求压缩投资成本的同时，你还应该关注所有投资成本中最高的一项——税收。如何做到降低税收成本呢？遵循四个简单的定律。

　　首先，充分利用享有税收优惠政策的各种退休账户。401（k）退休计划或者其他类似的由雇主发起的退休计划可以为你提供投资者手中的三项减税法宝：即时税收减免、税收递延增长和雇主对应出资。如果你符合资格，传统的个人退休账户（IRA）可以为你提供两项减税法宝：税收减免和税收递延增长。[1]

　　罗斯 IRA 或者罗斯 401（k）退休计划有哪些税收优惠政策呢？这两项都不提供即时的税收减免，但对于退休后的提款则是完全免税的。相比之下，如果不是罗斯退休账户，在提款时你必须支付所得税。如果你希望自己在退休后纳税的税率低一些，那么可

---

1. 在中国，与401（k）退休计划类似的是一些企业的年金计划；而对应个人退休账户（IRA）的安排则暂未推出。——译者注

扣除税款的账户是最合理的选择，而如果你希望退休后的税率等级保持不变或者更高些，那么罗斯账户会更具吸引力。

第二条定律：避免使用你的常规普通投资账户大量赚取利息收入。因为（你赚取的）利息收入——例如债券和储蓄账户所产生的收入——会被立即按你的边际所得税率征税（不过有一些联邦政府债券的利息在州一级不征税，而且市政债券的利息可能是完全免税的）。对于你的任何一笔额外收入，你是不是需要按照诸如 12%、22% 或 24% 的税率纳税？这就是你的边际税率——也就是山姆大叔从你获得的利息中砍去的部分。

第三条定律：尽可能少用你的常规普通投资账户进行交易。如果你通过普通投资账户卖出投资产品，并且实现了获利，那么你就需要为该项资本收益缴纳税款——而且如果你持有该投资产品的时间只有一年及以下的时间，那么税率会高得离谱。请记住，你需要担忧的不仅仅是你自己进行的交易，还应该包括所有通过你在普通投资账户中持有的基金进行的交易。这正是你应该在此类账户中持有股票指数基金的一个原因。股票指数基金只是单纯地购买并持有构成市场指数的股票，因此它们所产生的税单是相对适度的。

最后一条，永远不要有纳税额为零的一年。如果你刚刚退休或者失业，那么在这一纳税年度你欠山姆大叔的税可能很少或根本没有。这是一个被浪费的机会。为什么这么说？你完全可以利用这样的一年来赚取投资收益，或者将部分传统个人退休账户转换为罗斯个人退休账户，并支付相对较少的税费。

> 税收是成功的代价——但没有必要在
> "山姆大叔"面前为此过度吹嘘。

个人理财工具箱 ✕

* 我国投资所得收益的纳税规定

　　* 在我国，投资者获得的股息收入也是承担纳税义务的。根据《财政部 国家税务总局 证监会关于上市公司股息红利差别化个人所得税政策有关问题的通知》（财税 2015 101 号）规定，自 2015 年 9 月 8 日起，个人从公开发行和转让市场取得的上市公司股票，持股期限超过 1 年的，股息红利所得暂免征收个人所得税；而个人从公开发行和转让市场取得的上市公司股票，持股期限在 1 个月以内（含 1 个月）的，其股息红利所得全额计入应纳税所得额；持股期限在 1 个月以上至 1 年（含 1 年）的，暂减按 50% 计入应纳税所得额；上述所得统一适用 20% 的税率计征个人所得税。因此，作为投资人，长期投资能享受更好的税务优惠。而对于个人投资债券取得的利息收入、投资基金获得的各种收益，以及买卖股票取得的差价收益等，暂时是免于征收个人所得税的。

第**61**天 递延纳税的价值

昨天，我们讨论了为退休账户投资和限制你在常规普通投资账户中的交易金额的重要性。在许多情况下，这两种策略只是在推迟结账的日子：当你从大多数的退休账户中提款，以及出售在账户中持有的可盈利的投资产品时，你还是需要纳税的。

尽管如此，你支付这些税费的时间推迟得越久，你赚的钱就越多。可以这样来理解：如果你在传统的 401（k）计划中存有资金，或者你在普通投资账户中有一只尚在盈利的股票投资，那么税务部门就有权要求分得其中的一份。但是，如果你能够推迟向税务部门支付属于他们的那一份，你就可以用这笔钱为自己赚取额外的收益。

这种税收延期能有多少价值？我们以一对夫妻为例。两人都投入 1 000 美元购买了相同的投资，但是丈夫是在普通投资账户中购买的，而妻子是在有延税优惠但是没有头款免税的传统退休账户中购买的。在接下来的 40 年里，这项投资的年增长率为 6%。

丈夫每年按 24% 的税率为其全部 6% 的收益缴纳税款。妻子也要按 24% 的税率缴纳税款，但她从首笔投资缴款起递延，直至最终从退休账户中取款的 40 年后，才需要为其全部所获的收益缴纳税款。最终的结果会怎样？丈夫积攒了 5 951 美元，而妻子则收获了 8 057 美元，超过了丈夫收益的 35%。

为了增加财富，我们应该注重尽量减少那些做减法的东西：税收、投资成本和愚蠢的财务赌博。

第**62**天　在正确的账户进行正确的投资

　　两天前，我提出了四条管理投资税单的定律。昨天，我们讨论了递延纳税[1]的益处。所有这一切带给你的启示是什么？你应该用心斟酌在税收优惠的退休账户中持有哪些投资产品，而在常规普通投资账户中持有哪些。原因是：有些投资产品和投资策略会让你至少掏出四分之一的年投资收益交给税务部门，而另一些产品和策略却会让你损失极少甚至分文不丢。

　　例如，某个企业债券每年都会产生应税的利息——税费要按所得税税率估算，而不是相对较低的资本利得税率。根据现行税法，对所谓的普通收入可以按高达 37% 的联邦税率征税，几乎两倍于对长期资本收益和符合条件的股息征税的税率，后两者的税率为20% 或者更低。

　　同样，如果你交易股票的速度过快，致使股票持有时长仅为一年或更短，那么其中的任何收益都不会符合长期资本利得税率

1.针对个人投资者，国内目前在税法方面还没有相关可递延的政策。——译者注

的条件。相反，你不得不按更高的普通收入税率缴纳税款。

相比之下，另一些投资产品和投资策略产生的年税极少，甚至为零。假设你购买并持有了一些个股或者股票指数基金。由于你没有进行任何交易，便不会触发资本利得税——而且由于大多数指数基金不会主动地交易其投资组合，因此只需要支付极少的资本收益分配成本，甚至无须支付。没错，你可能会获得股息，但股息是应该按一个特殊的低税率征税的。

这对你的投资组合意味着什么？意味着你应该利用你的普通投资账户来实施年税适度的投资策略，而将高税收策略限定在退休账户中。在实践中你可以这样运作：

普通投资账户

◎ 股票指数基金

◎ 买入并持有个股

◎ 免税市政债券和债券型基金

退休账户

◎ 主动管理型股票基金

◎ 交易个股

◎ 应税债券和债券型基金

◎ 房地产投资信托基金 *

认真思考一下你自己的投资组合。你是否在正确的账户中进行着正确的投资？

　　一个重要的告诫：你不一定要实施上面列出的所有策略。我不认为交易个股或购买主动管理型基金是明智之举，因为这些策略的跟踪记录乏善可陈。但如果你打算进行这些投资，退休账户是你最好的选择，如此，你的纳税申报单便不会以劫难告终。

　　在过去的三天里，我们讨论了投资税费。你是否有必要做出一些调整呢？列出你对投资组合可能会做出的修改：

> 假设你的大脑中卸载了关于自己持有什么、
> 售出了什么、市场行情如何等信息，
> 你还会持有现在的投资组合吗？

个人理财工具箱 ✕

* 房地产投资信托基金（REITs）

*** 房地产投资信托基金（REITs）** 是房地产证券化的重要手段。房地产证券化就是把流动性较低的、非证券形态的房地产投资，直接转化为资本市场上的证券资产的金融交易过程。房地产证券化包括房地产项目融资证券化和房地产抵押贷款证券化两种基本形式。

REITs 的特点在于：

◎ 收益主要来源于租金收入和房地产升值；

◎ 收益的大部分将用于发放分红；

◎ REITs 长期回报率较高，与股市、债市的相关性较低。

国际意义上的 REITs 在性质上等同于基金，少数属于私募，但绝大多数属于公募。REITs 既可以封闭运行，也可以上市交易流通，类似于我国的开放式基金与封闭式基金。

国内的相关产品目前处于探索阶段，还未正式发行落地。

第**63**天　打败市场，胜算几何？

　　设想你与一群一周只练一次球的"周末斗士"结伴，去迎战某个职业篮球队；或者你发现自己正在与一名温网冠军同场对决；或者你把自己的旧自行车从车库里拉出来，准备去参加环法自行车大赛，你认为你胜算几何？这绝不是一个难以回答的问题：你胜出的机会很可能是介于零和无之间。

　　投资也不例外。

　　大量的统计数据和无可争议的逻辑已经切实地证明，投资是失败者的游戏。绝大多数投资者——无论是菜鸟还是专业人士——都只能勉强获得股市平均水平的收益，而不可能是其他结果。在计入投资成本之前，我们所获得的是股票和债券市场的总体回报。计入成本之后，我们最终赚到手的难免会有所减损。

　　当然了，总是会存在一些赢家，就像总会有人赢得彩票一样。你甚至可能在今年或许还有明年击败市场平均值，但是，残暴无情的投资成本终究会大发淫威——而且你在整个投资生涯中超越股市平均水平的概率，不会比你击败职业网球运动员的概率高多少。事实上，前者的概率可能会更小：一名职业网球运动员总会有不走运的一天，然而股市却永远充斥着激烈的竞争。

这是许多人不愿意接受的理念。不可信赖的记忆让我们相信自己的投资业绩好过真实情况。过度的自信让我们确信自己知道哪些股票会飙升，以及市场接下来会怎么走。然而这些错觉的代价是昂贵的——我们越早接受自己不大可能击败市场的事实，我们的财务未来就会越光明。

华尔街鼓吹人定能战胜市场的幻想，因为幻想是个了不起的赚钱机器——对于华尔街而言。

Day

57

Day 57

七天小结

A week Summary

63

1 资产配置即四种投资类型的基本组合：股票，债券，现金投资，另类投资。它是驱动投资组合的短期价格波动及可能的长期回报的关键因素。

2 你应该为每一个重要投资目标设置目标资产配置，并实现投资多元化，即购买多种股票和债券。一个简单的方法是：直接选择基金和交易所指数基金。

3 尽可能降低投资成本，包括你所持有的投资产品及其申购和赎回的成本，以及与之相关的持续费用。其中，所有投资成本中最高的一项即税收。

4 降低税收成本的策略：
①充分利用递延纳税；
②在正确的账户进行正确的投资。

5 我们在整个投资生涯中超越股市平均水平的概率几乎为零：越早接受自己不大可能击败市场的事实，我们的财务未来就会越光明。

Day57——63

第**64**天　极简投资组合策略之一

　　你现在就要去选择投资产品了。在过去的一周里，我们讨论了你的资产配置——股票和较保守的投资产品的基本组合。我们论及了广泛分散投资和降低投资成本（包括税收）的重要性。此外我们还谈到了你打败市场的希望有多么渺茫。

　　这些对于你所购买的投资产品有何意义？即使是那些对投资基本原则意见一致的人，最终所选择的投资组合也不尽相同。但是，请允许我提出两条超级简单的策略。我们将在今天和明天分别予以讨论。

　　今天的建议：用三个核心指数基金构建一个投资组合。指数基金通过购买某个市场指数的部分或全部成分股，来追踪该指数的表现。但由于投资费用的存在，这些基金几乎永远都要较其标的指数稍逊一筹。尽管如此，由于这些费用通常较低，因此与标的指数之间的差额还是适度的——而且远低于大多数活跃投资者所遭遇的差额，因为后者的投资成本要高出很多。结果，通过追求平均值，指数基金的表现远远优于大多数其他投资策略。

指数基金分为两大类：基金和交易所交易基金（ETFS）。基金可直接从相关的基金公司购买[1]，其每股价格于每日下午 4 点交易市场收盘时确定。交易所交易基金可在股票市场公开交易，并且可以在整个交易日内购买。如果想要购买股份，你需要开设一个股票经纪账户[2]。

你可以通过组合以下三种指数基金来构建一个投资组合：美国总股票市场指数基金，美国总债券市场指数基金和国际总股票指数基金。这三种基金可以从富达投资和先锋集团等相关公司以共同基金的形式购买，也可以从 iShares、SPDR 和先锋集团以在其管理之下的交易所交易基金的形式购买。

嘉信理财公司同时还提供投资于所有上述三个板块的指数型共同基金和交易所交易基金，不过其广泛的国际基金仅涉及发达国家市场。这就意味着你可能需要增加第四个专门针对新兴市场的基金。尽管如此，嘉信理财的基金以其低成本而著称，而且嘉信理财的共同基金只要求 1 美元的最低首次投资额。

你应该如何在这三只基金中分配资金呢？你可以按照以下比例进行分配：国际总股票指数基金中每投入 4 美元，美国总股票市场指数基金中对应投入 6 美元。而债券的分配额是多少？这取决于你能承受多大的风险以及你离各项财务目标有多远。你越接

---

1. 在中国，通常可以通过银行、券商等销售渠道购买基金。——译者注

2. 对于中国内地投资人，则需要开设沪深A股账户。——译者注

近目标，并且越耿耿于怀于股市的波动，你便越应该投资总债券市场指数基金。一定要用你的退休账户持有该债券基金，以免每年都需要为所获利息缴税。

有些人自认为是投资天才，
而有些人则是明智地追随着指数的脚步。

第65天 极简投资组合策略之二

昨天，我们讨论了将三个指数基金合并以创建整体多元化投资组合。同时我还许诺今天要讲讲第二个方法——这个方法甚至更简单。不同于组合起三个指数基金，你可以购买一个单一的生命周期退休基金。

生命周期基金可以在单独一份基金中提供广泛多元的投资组合，其中的每只基金都指向一个特定的退休日期。例如，一只目标日期为 2045 的生命周期基金可能会提供一系列适合 2045 年左右年满 65 岁人士的股票和债券。

简单性是生命周期基金的一大优势。实际上，它们已经成为许多 401（k）计划的支柱产品，甚至还可能成为默认的投资选项。但是，其中也存在一些缺陷。虽然大多数生命周期基金本身不收取任何费用，但它们通常投资于由基金发起公司发行的其他基金——而这些基金的成本可能会很高，且通常是主动管理型的。

尽管你只想拥有三个指数基金或者一个生命周期基金，但是这或许是不可能的。你最终可能会有 401（k）计划、个人退休账户和常规普通投资账户。你的配偶可能会选择相同类型的账户，此外你可能还有为子女准备的 529 计划[1]。在每个账户中，你都需要持有至少一笔投资。

此外，你的 401（k）计划可能既不提供生命周期基金，也不提供指数基金。那你或许就不得不胡乱堆砌，用一些你并不十分热衷的主动管理型资金构建起一个整体多元化的投资组合。不过，一定要寻找低成本的选项，并且确保广泛分散的投资。

那么你的计划是什么？请作出选择：

☐ 我将使用三个分布广泛的市场指数基金建立自己的投资组合。

☐ 我打算购买生命周期退休基金。

☐ 我有另外的投资策略。这是我的计划：

---

1. 529教育基金计划是根据美国税法的529条款（Section 529）而建立的政府减税措施，由各州或教育机构负责，目标是帮助民众支付大学费用。529计划可以用来支付大学、研究生、博士生等的学费。也可以支付私立K-12的学费以及学杂费。如果将来529计划内还有余额，还可以转给孙子孙女或亲戚的孩子读书，甚至自己拿来读老年大学。529计划最大的优惠在于，账户内资产投资增值的部分是免税的。家长为孩子设立一个529计划，存入资金用于投资或储蓄，只要这笔钱最后用在符合要求的大学的开支上，其增值的部分是不用交税的。但是如果家长把钱取出来做其他用途（非大学开支），那么增值的部分除了要交税之外，还有10%的罚金。529计划根据不同州的相关规定还可以免去一部分的州税。例如，伊利诺伊州规定，每年每个家庭最多可以免去$20 000投入529计划的州税，按照伊利诺伊州税率4.95%计算，每年每个家庭可以节省$990的州税。——译者注

全球市场由四个主要板块组成：美国股票、美国债券、
海外股票和海外债券。只拥有其中的一个？
那么你是在进行一场豪赌。[1]

---

1. 对于中国投资者而言，投资现状普遍"三高"：高比例投资于国内房产，高比例投资于"短期理财产品"，以及高比例持有人民币资产。一语蔽之，集中度过高，风险分散严重不足。——译者注

第**66**天　应对疯狂的股市

购买股票和股票型基金很容易，然而能够持续投资却是个难题。我们或许正在为数十年之后才开始——并且有可能会持续二三十年——的退休生活理财，然而大多数人却在密切关注着股市的每日表现，尤其是在市场剧烈动荡的时候。这样做的危险性在于：我们会由于市场低迷时的情绪紧张，而在最不利的时刻抛出股票。

但愿随着时间的推移，你能够更加轻松自如地应对股市。以下三个策略可能会对你有所帮助：

◎**要看到乌云的金边**。股市下跌会影响到你现有投资的价值，但是如果你持续不断地向你的投资组合中注入新的储蓄金，你其实也会从股市下跌中受益，因为你的下一个投资产品会以更便宜的价格购入股票。事实上，如果你现在是二十几岁或三十几岁，那么与你将在未来几十年里投资的金额相比，你现有投资组合的价值可能并不高。

◎**关注你全部的资产**。即使股市大跌让你损失掉了股票投资组合价值中的 20% 或 30%，你的总资产也不太可能有如此剧烈的跌幅。毕竟，你还有资金在债券投资和银行账户中，你拥有的房子、你未来的社会保障金、属于你的养老金，以及——也许是最重要的——你的人力资本，所有这些价值都和从前一样。

◎记住股票是有基本价值的。在市场动荡的情况下，股票看起来不过是账户报表上的数字，而且这些数字一直在萎缩。但是隐藏在股价下跌的背后的是实体经济企业，生产着人们每天都在购买的商品和服务。最终，投资者们最终会认识到蕴藏于此的价值，于是他们会重新将股价拉升起来。

> 财务管理的智慧，在于能够意识到我们的
> 第一反应往往需要二度揣摩。

第67天 投资组合再平衡

投资的目标是低买高卖，但知易行难。我们在市场攀升的亢奋中热血沸腾，开始非理性地加大股票投入。而市场的暴跌却令我们骇然不知所措，甚至失去理智，仓皇抛售。

如何才能避免这种愚蠢行为呢？一切都从你的资产配置开始。你应该为你基本的股票和债券组合设置目标百分比。此外，如果你计划将现金投资和另类投资也纳入你的投资组合中，那么你也应该为这类投资设置配比。比如，你的目标配置有可能是55%的股票、35%的债券、5%的另类投资和5%的现金投资。每隔一段时间，你应该查看一下你的投资组合有关这些目标百分比的情况。

如果你现有的股票投资超过了原计划的55%——当你的股票价值在市场反弹的驱动下增加时，这种情况就会发生——这时你应该出售一些股票，让你的股票配比返回到与目标设定值一致的水平。相反，在市场下滑期间，你会发现自己的股票比原计划的少了一些，这种情况下你应该从投资组合的其他部分中转移出一些资金给股票，以便你的股票配比能回升至 55%。

这种不定期调整投资组合的过程被称为**再平衡**。这是一种非常棒的自我约束，它会迫使你低买高卖。在此过程中，由于你将股票的配比保持在一个既让你感觉舒适又适合你的投资期的水平，你就能够控制你所承担的风险。

如果你只拥有生命周期退休基金，那么你就不必担心投资组合再平衡的问题了，因为基金会替你代劳。但是除此之外的所有其他人，都应该至少每年进行一次再平衡——如果一次大的市场波动让你的投资组合严重失衡，再平衡的频率也许还应加快。

今天的作业：设定一个你进行投资组合再平衡的年度日期。很多人都选择在年底进行，但其实任何日期都可以，只要你持之以恒。

□ 我每年都会在＿＿＿＿＿＿＿（填写日期）对我的投资组合进行再平衡。

在我们自认为清楚金融市场走向的那一刻，
我们其实已经迷失了方向。

第**68**天　跳出负利率债券的陷阱

在考虑自己的钱财时，人们习惯于求助所谓的心理账户，将自己的薪水、投资组合、住房、汽车和保险单归入不同的财务区间。但实际上，所有这些不同的财务区间都是相互关联的，而当我们能够看到它们之间的关联时，就会作出更明智的选择。一条关联线：财务生活中的许多部分都与债券有相似之处。

债券是一种能给我们带来固定收入的投资，不过我们也可以从许多其他来源获得固定收入——除了债券之外，还包括我们的雇主、定期存款单、储蓄账户、社会保障以及属于我们的各种养老金和收入年金。这些固定收入来源也应该被纳入投资组合设计中。

例如，在工作时期，购买债券的必要性不是那么大——因为我们有薪水作为固定收入的来源——相反，我们可以冒一定的风险，让股票占据投资组合中的大部分。同样，哪怕是在退休之后，如果社会保障和传统养老金计划足以支付你的大部分开支，那么你或许也可以少买些债券，而继续持有以股票居多的投资组合。

　　由此我们可以得出一个简单而有力的观点：除了所有这些类似债券的投资之外，我们还同时承担着房贷、学生贷款、信用卡余额、汽车贷款和其他债务，这些债务极有可能让我们陷入负利率债券[1]的境地。在债券带给我们利息的同时，债务却向我们收取利息——而且这些被收取的利息通常要高于债券的收益。

　　假设我们有20万美元的债券和20万美元的债务，那么我们的债券净头寸[2]有可能是零。这里面有两条关键的含义。首先，我们的整体财务状况可能比想象中的更具风险性。其次，此时我们或许应该偿还债务，而不是去购买更多的债券。甚至可以说，用售出债券所获得的收益来偿还欠款，可能是更明智的做法。

> **偿还债务会让你获得保底的收益——其收益率往往会超过债券。没有任何其他投资敢如此承诺。**

---

1. 通常而言，投资人在投资高投资级别债券及其他安全的固定（如国内特色的固定收益"银行理财产品"）的收益率，比自己的借贷（如汽车贷款、消费贷等）付出利息成本要低，因此很多情况下，与其把结余资金投资这些收益相对低的"债券""理财产品"等，还不如把贷款还掉更合算。——译者注

2. 债券净头寸是指，如果你借的债务（汽车贷款、房贷、消费贷等）的总和，减去你的债权（认购并持有的债券、因出借而产生的私人债权等）的总和，而得到的差额。——译者注

第**69**天　优先偿清债务

　　债务不一定是件坏事。没有它，我们当中的许多人可能永远都上不起大学，买不起第一辆车，购不起房。虽然债务可以助推我们启动财务生活，但我们还是应该谨慎行事，不要承担自己无法从容偿付的债务——而且最好在贷方要求的最后期限之前还清债务。

　　显然，有着骇人的利率的信用卡债务就属于不可逾期偿还之列。但是其他债务的情况又会怎样？在第 44 天，你对自己的净资产进行了计算，其中包括列出自己所有的债务。请在下表中再次列出这些债务——但这一次需要加上你为这些债务支付的利率：

债务	利率

　　在美国，少数情况下，由于某些债务的利息支出是可以抵扣所得税的，你的真实成本有可能会低于规定利率下的成本。可能出现的情况包括房贷、学生贷款以及证券经纪公司针对顾客融资融券交易收取的利息。如果你是在联邦纳税申报表中分项列出扣除额，而不是选择标准扣除方法，那么就可以获得针对房贷利息以边际税率作个人所得税税抵扣。同时，如果你的收入不是过高，你还可以获得针对学生贷款的利息免除。

　　如果你享有任何上述可抵扣的利息——不过这只是个大大的如果——那么你每支付 1 美元的利息，就可以节省 12 美分或 22 美分的税费，具体金额将取决于你的边际所得税等级。但最终的结果是，如果你的房贷利率为 4%，那么你的实际成本可能会接近 3%。

　　这听起来像是笔非常划算的买卖，但是思考一下你可以购买的债券和债券型基金。即使在考虑到所有税费节约额之后，投资这些基金所获得利息回报还是很有可能会低于房贷的成本。此外，如果你是在一个常规普通投资账户中持有这些债券和债券型基金，那么你还有可能需要为所获得的利息收益纳税，因此你最终收入囊中的钱可能会更少。

　　结论：偿还债务通常是合理的。思考一下你的各种投资机会，你应该优先考虑为自己的 401（k）退休计划定期缴款，特别是那些附带雇主对应出资的退休计划。然后，你应该还清所有信用卡债务。接下来，投资一个个人退休账户。

　　所有这些都搞定了？如果你的下一步是在常规普通投资账户中投资股票指数基金，这或许是个明智之举。但是，如果你想要将任何富余的积蓄存放在银行里或者用它来购买债券，那么你最好还是转而去偿还债务，包括偿还只是低成本的房贷债务。

　　如果你的房贷成本特别高，怎么办？如果贷款中有至少100 000 美元的未清余额，而且你不打算在未来三年内搬家，那么可以考虑改变按揭条款。这样你可以以至少低一个百分点的利率获得新的抵押贷款。一定要确保新的房贷时间长度不超过现有贷款的剩余时间。例如，如果你现有的房贷需要 22 年还清，那么再融资时你应该选择一个不超过 22 年的贷款。

　　你对自己债务的看法是否有所转变？列出你计划采取的步骤：

想要过上舒适的退休生活，

就应该先还清债务。

第**70**天　井井有条的财务状况整理术

假设你明天就要从这个世界上消失。我知道，这确实不是个令人愉快的想法。不过，在那一时刻，你所有的财务问题都将结束，然而对你的家人来说，这些问题可能只是刚刚开始，尤其当你的事务是一团乱麻时。安排遗产、为自己的财务生活画上句号，这些事情到底有多难？为了让家人能感到轻松一些，或许你现在就应该做一些整理工作，以防万一。

我们当中的许多人都成了我所谓"幼稚多样化"的牺牲品。我们想象着，如果聘用多个理财顾问，拥有多个银行和股票经纪账户，持有多个投资于同一市场领域的基金，就会更安全。然而在大多数情况下，这种附加的安全性只是一种幻想。我的建议是：只关注一位理财顾问、一家银行、一家证券经纪公司或基金家族，并且首选生命周期基金以及能让你接触到广泛的细分市场的总市场指数基金。这样，你的财务生活会变得简单化。

另外，不要过量保存各种财务文件。你只需保留七年内的纳税申报表和相关材料，而将其余的全部扔掉。如果你的股票经纪公司或基金公司会为你提供投资的成本信息，那么除了最新的报表之外，你没有必要保留任何其他资料——甚至连最新报表也可能在网上找到。

　　除此之外，应该只保存最新的保险单副本，除非你目前正经历着一个悬而未决的索赔案件，或者你担心会有诉讼发生。在这种情况下，你应该保存相关年份的副本，以及任何其他相关文件。如果你是业主，应该保留所有有关房屋装修情况的详细记录。任何时候，如果你想要卖房，那么你需要用这些材料计算房产的成本基础价。最后，将所有用户名和密码整合成一个列表，并将其存放在安全的地方——但要确保让可靠的家庭成员知道它存放的位置。

　　□ 是的，我的财务状况井井有条。

> 我们在尘世间唯一可以不朽的，
> 就是他人对自己的回忆。
> 你应该确保那些回忆将会是美好的。

Day

64

七天小结

A week Summary

70

1 两条极简投资组合策略:

①用三个核心指数基金构建一个整体多元化的投资组合;

②购买一个单一的生命周期退休基金。

2 购买股票和股票型基金很容易,然而能够持续投资却是个难题。以下几个策略能够使你更加轻松自如地应对股市:

①要知道,你其实也会从股市下跌中受益;

②关注你全部的资产;

③记住股票是有基本价值的。

3 投资组合再平衡即调整投资组合,将各种投资类型的配比保持在一个恰当水平。你应当设定一个进行投资组合再平衡的年度日期,它会迫使你低买高卖,并将风险控制在可控范围内。

4 财务生活中的许多部分都与债券有相似之处。当我们同时拥有债券和债务时,我们很可能处于负利率债券的境地——债务收取的利息通常要高于债券带来的收益。因此,优先偿还债务通常是合理选择。

5 将各种投资机会按照优先级排序:

偿还债务>企业年金计划>偿还信用卡债务>投资个人退休账户>在常规普通投资账户中投资股票指数基金。不要将任何富余的积蓄存放在银行里或者用它来购买债券。

6 如何整理你的财务状况:

①使你的财务生活简单化;

②不要过量保存各种财务文件;

③如无特殊情况,应该只保存最新的保险单副本。

第**71**天　为他人花钱

是否有一些你愿意资助的慈善机构、政治团体或宗教机构？你希望哪些组织或个人继承自己的财产？列出你希望在经济上提供帮助的人、你希望赞助的金额，以及你希望是在有生之年还是去世之后捐赠这笔钱。

赞助对象	赞助金额	赞助时间

给予就是收获：为他人花钱往往会比为自己花钱感觉更幸福。

第**72**天　遗产规划策略

　　遗产规划这件事听起来很复杂——而且如果你是个超级富豪，你在不止一个地区拥有房产，你有一个有特殊需求的家庭成员，或者你已经不止一次结婚而且你想要把遗产同时留给现任配偶和前度婚姻中的子女们，那么这件事的确会比较复杂。

　　但对于我们大多数人来说，遗产规划是件很简单的事。其目标是确保我们的资产最终能留给合适的人。为此，我们可以采取四个策略：

　　1. 要拥有附带生存者取得权的财产。我们死后，这些资产——通常是房产和汽车——会自动转交给另外的所有人。

　　2. 在退休账户中指定受益人。这些账户会直接转交给你列出的人。

　　3. 在人寿保险中指定受益人。同样，相关的资金会直接转交给指定的人。

　　4. 写一份遗书。这份遗书将适用于所有其他一切事务——那些非共同拥有的且没有指定受益人的财产。

可以肯定的是，还有一些可以锦上添花的措施，例如制定授权书，授权某人在你无法正常工作和生活的情况下代表自己做出健康或财务方面的决策。但对于仍然处于职业生涯中的大多数人来说，上述四种策略应该足够了。

想确保你的身后之事都准备妥当了吗？仔细阅读下列清单：

☐ 是的，我对于自己在共同所有权方面的安排感到满意。

☐ 是的，我的退休账户上指定了合适的受益人。

☐ 是的，我的人寿保险中列出了合适的受益人。

☐ 是的，我有遗嘱。

最后，几乎可以肯定，下面这件事是你不需要担心的：美国联邦遗产税[1]。由于个人遗产税减免额目前是 1 100 多万美元，每年的死亡人数中只有不到 0.1% 的人会最终需要支付联邦遗产税。相反，对于大多数美国人来说，最大的"死亡税"是他们遗留下来的仍然需要缴纳所得税的退休账户。想确保不让你的继承人缴纳这笔税款吗？你可以研究一下投资罗斯 401（k）计划和罗斯个人退休账户，并同时将现有的传统退休账户转换为罗斯账户。

---

1. 中国目前暂未推出遗产税。——译者注

如果你留下的是你的集邮册，你的孩子会记住你。

如果你留下的是你的罗斯个人退休账户，

他们则会满怀深情地记住你。

第**73**天 金钱与情感

可以说，金钱是最后一个依旧真正受人忌讳的话题。我们很少告诉他人自己赚多少钱，负担多少债务，总共有多少储蓄——而且，当这个话题被提起时，我们通常会掩盖事实，粉饰自己。这是一种不健康的行为。

今天的任务：与你的配偶、孩子或父母谈论有关他们的或者你自己的财务问题。你会因此而收获惊喜：或许你会对配偶的财务焦虑收获新的认识，也许父母会向你倾吐他们的财务状况，抑或你会激发起孩子们对投资的兴趣——并且开始与他们对话，帮助他们更好地为成年生活做准备。也许最为重要的是，你可能因此而获得动力，去解决自己的财务问题，可见这些对话非但不会让你感到尴尬，反而会让你引以为傲。

□ 是的，我与家人真诚地谈论了有关金钱的问题。

你可以和父母谈论他们退休后的财务状况——

你也可以避开这一尴尬的对话，

直接去买一个带一间空余卧室的房子。

Day 73

第**74**天　如何雇用理财顾问？

　　阅读完这本指南之后，一些读者会感觉自己功力大涨、信心倍增，足以去处理个人财务问题了。但是另一些人还是需要专业的帮助，因为他们的财务状况过于复杂，又或者是因为他们在煞费苦心地储蓄、精打细算地投资。你应该从顾问那里寻求哪些帮助？以下给出几条建议：

　　1. 不要雇用保险代理做你的首席理财顾问。保险代理会向你兜售昂贵的保险产品，例如可变年金和现金价值类的人寿保险，这些保险产品通常被证明表现平平。

　　2. 不要雇用靠佣金赚钱的经纪人。在许多情况下，经纪人没有法律义务为你的利益最大化着想——而且在经济利益的刺激下，他们会蛊惑你进行一些不必要的交易，向你出售佣金极高的产品。

　　3. 如果你的财务生活相当简单，可以考虑咨询机器人顾问。这些机器人顾问，比如 Betterment、FutureAdvisor 和 Rebalance IRA，通常收费低廉，而且会将客户的资金投资到低成本的指数基金中。此外还可以去了解一些大型金融公司提供的低成本的咨询服务，例如嘉信理财的智慧投资组合（Intelligent Portfolios）以及先锋集团的个人咨询服务（Personal Advisor Services）。

4. 如果你的储蓄额超过 250 000 美元，且财务状况复杂，那么你可以寻找一位只收取顾问费的理财规划师。大多数机器人顾问几乎只专注于投资组合管理，而一名优秀的理财规划师会协助你管理财务生活中的其他领域，包括保险、遗产规划和税收。

5. 可以考虑按小时付费的方式。相对来说，极少有理财顾问是按小时收费的，而且每小时的费用也似乎高得离谱。尽管如此，这可能还是会比聘请一位收取年费的理财规划师更划算，后者的年费很可能相当于你投资组合价值的 1%。要记住，负责购买按小时付费的顾问所建议的投资产品的是你自己。不确定你是否应该采纳按小时付费顾问的建议？那么你或许应该去咨询一个机器人顾问，或一位仅收取顾问费的理财规划师。

现金价值人寿保险的优点是显而易见的——对于那些从销售额中提取巨额佣金的销售人员而言。

个人理财工具箱 　　　　　　　　　　　　　　　 ✕

* 要习惯为理财顾问的专业意见付费

　　*国内投资人目前不太习惯付费而取得理财顾问的专业意见，都倾向于找"免费"的服务，然而，"羊毛出在羊身上"，免费的理财顾问一定会通过推销内含佣金高的产品来赚取收入以便养家糊口。其实"免费"的往往实际是"最贵"的。如果可能的话，还是考虑聘请收费服务的专业理财顾问吧，只有收费后，他们才会站在你的一边为你着想，为你寻找最适合的产品与理财方案。

第75天　进入财务的良性循环

　　当你朝着更美好的财务生活迈出第一步时，事情的进展会缓慢得让人极其郁闷。偿还债务和增加储蓄都需要时间。但是，如果你继续埋头前行，你会发现自己进入了一个良性的财务循环之中，它可以自我衍生，并且推动着你去收获难以置信的财富。这种良性循环有三个要素。

　　第一，随着你逐渐提高储蓄的比例并且开始积累起一些财富，你应该具备了削减生活成本的能力，从而让你能有更多的钱用来储蓄。这些源自成本的节余从何而来？随着你在银行和金融账户中储蓄额的增加，你因账户透支或账户余额低于最低限额而需缴纳费用[1]的可能性会减少。而随着你对债务的削减，你每个月需要支付的利息也会减少——最终可能会达到再也无须借债的境地，

---

1. 在美国，银行往往愿意为信用良好的客户提供账户的"透支保护"，即使账户余额不足，依然可以在一定限额内透支，一旦透支，银行除了要求客户即时偿还外，还会收取一个固定的"透支费"，以及就透支额收取高额利息。——译者注

哪怕是对于像汽车和房屋这样的大件商品。

随着储蓄的增加，你或许也愿意提高医疗保险、业主保险和汽车保险中的免赔额，以及延长伤残保险和长期护理保险的免除期。这样做会减少保费的支付金额，从而让你有更多的资金用于储蓄。你甚至可以决定彻底撤销某些保单。

第二，如果你买房，住房的支出会锁定在当前的价格。诚然，你的房产税、维护费和业主保险费可能会随着时间的推移而上升。但是，如果你所承担的是固定利率房屋按揭贷款，那么你每月支付的本金和利息将是固定的，这就意味着随着你收入的增加，这些费用会越来越容易承担，即使收入的增加仅仅是因为通货膨胀。这会为你省下更多的资金用来储蓄。

第三，如果你定期将收入的 12% 至 15% 用于退休储蓄，那么你的投资组合会在 12 年或 15 年之后达到临界点。什么是临界点？到达临界点后，你每年的投资收益将开始赶上并最终超过你实际储蓄的金额。得益于健康的投资表现和定期储蓄二者的结合，你的投资组合将在"双缸"驱动下开足马力，并且还可能会实现跨越式增长。

但若想享受到良性循环的益处，你需要开始行动——而且越快越好。

一夜暴富几乎是不可能的，但是日久天长的

"慢富"却出人意料地容易。

第**76**天 挖掘金钱隐含的幸福价值

怎样才能利用钱来让自己的生活更加美好？显然，金钱可以让我们购买商品和服务，无论是现在还是将来。但是大多数情况下，我们最终不过是在原地踏步：我们能从新买的东西中感受到一阵短暂的兴奋，到头来却发现自己的幸福感又回落到原位。在支付了一大堆新近的账单之后，我们会享受到片刻的轻松，结果却发现还有一批新的账单等着我们去应对。我们成功地积攒了一些钱，却还是希望自己账户中的钱能够再多一些。

我们怎样才能逃离这个死循环，从金钱中获得更多的快乐呢？为此我将聚焦三个方面。

首先，我们应该努力摆脱自己的财务焦虑。在我看来，金钱和身体健康有几分相似之处。只有在生病的时候，我们才会意识到健康的感觉是多么美好。同样，只有当我们变成穷光蛋时，才会意识到手头宽裕时的感觉是多么幸福。简而言之，我们希望到达不必时常为钱而发愁的境界。对此，不同的人会有不同的看法。不过我们或许会发现，要想获得财务上的安心，你需要有一份数

额可观的应急基金，没有任何信用卡债务，并且在为退休生活和
其他长期目标定期储蓄。

　　其次，我们应该精心安排自己的生活，将时间花在自己喜欢
的事情上。尽管放松休闲是令人愉悦的，但对于我们大多数人来说，
真正的乐趣还是在于工作——只要这份工作是我们认为重要的、
有挑战性的、让自己有激情的、感觉自己很擅长的。想一想一周
当中你体验到"心流"的那些时刻，此时的你，除了手里的工作
之外心无旁骛，时间在不知不觉间飞逝。你可以试着重新调整家
庭和工作生活——以及你的消费方式——以便你能享有更多这样
的"心流"时刻。

　　最后，与朋友和家人共度的时光会给我们带来极大的快乐。
同样，你可能需要重新调整你的日程安排——以及你的消费方
式——以便能够有更多的时间陪伴你所爱的人。这就意味着或许
要安排特别的家庭聚餐，组织与朋友们一起郊游，午餐时间经常
与同事们一起在外用餐。

巨额的银行账户不一定会让我们感到更幸福，

但账户里空空如也则会让我们痛苦不堪。

第**77**天 最后的愿望

　　想象一下，你正在撰写一篇为自己准备的讣文，或者你正在和家人一起准备你死后的悼词。想想你曾经做过的让你尤其引以为傲的事——也许是事业上的成功，也许是给予家人的帮助，或者是为更大的群体所做的贡献。列出一些这样的成就：

您还希望在上述列表中添加哪些其他的成就？如果你在余生中还能取得三到五项重要的成就，它们会是什么？

现在还为时不晚。如果你能够掌控自己的财务生活，那么你将会为自己购得未来几年的自由，并且你可以利用这一自由去成就一些令人难以置信的事情。听起来很让人兴奋？那你还在等什么？

> 如果你白天做自己喜欢的事，晚上和你所爱的
> 人们共度良宵，那么你的生活是富足的
> ——哪怕你并不富裕。

Day

71

七
天

A week

小

Summary

结

71

77

1 遗产规划策略：
① 要拥有附带生存者取得权的财产；
② 在退休账户中指定受益人；
③ 在人寿保险中指定受益人；
④ 写一份遗书。

2 与家人真诚地谈论有关金钱的问题，这些对话非但不会让你感到尴尬，反而会让你引以为傲——你可能因此而获得解决财务问题的动力。

3 关于理财顾问的建议：
① 不要雇用保险代理做你的首席理财顾问；
② 不要雇用靠佣金赚钱的经纪人；
③ 如果你的财务生活相当简单，可以考虑咨询机器人顾问；
④ 如果你的储蓄额超过250 000美元，且财务状况复杂，那么你可以寻找一位只收取顾问费的理财规划师；
⑤ 可以考虑按小时付费的方式。

4 进入良性财务循环的三个要素：
① 随着你逐渐提高储蓄的比例并且开始积累起一些财富，你应该具备了削减生活成本的能力，从而让你能有更多的钱用来储蓄；
② 如果你买房，住房的支出会锁定在当前的价格；
③ 如果你定期将收入的12%至15%用于退休储蓄，那么你的投资组合会在12年或15年之后达到临界点，此后，你每年的投资收益将开始赶超你实际储蓄的金额。

5 如何从金钱中获得更多的快乐：
① 努力摆脱自己的财务焦虑；
② 精心安排自己的生活，将时间花在自己喜欢的事情上；
③ 与朋友和家人共度美好时光。

致 谢

这本书其实是无心插柳的结果。事实上,在此之前我正忙于三个不同的创作项目:一系列简洁扼要的洞悉财务管理的见解,一系列用以探察读者财务观念的问题,以及一份帮助人们实现健康财务管理的分步指南。然而,这三者各自孤军奋战的结果却似乎都不尽如人意。有一天,我突然灵光乍现,我想,如果让它们三个通力合作岂不是很妙?我希望你也有如此的想法。

在过去的四年间,我和 John Wiley & Sons 出版社的编辑比尔·法隆反复推敲着各种各样的出书创意,然而没有一次能达成一致意见。过程是艰难而漫长的,但最终还是"修成了正果"。我为此感到十分欣慰。

我的这本书的经纪人是来自詹妮弗·莱昂斯文稿代理公司的美丽、温柔、充满爱心的露辛达·卡特。夸赞得有些过火?别担心,露辛达是我的妻子。

最后,谨以此书献给名字以 J 开头的三个人:朱恩、琼和杰瑞,他们分别是我的母亲、岳母和岳父。他们以各自不同的方式担当着我的坚强后盾,时刻为我预备着随时可得的微笑、心照不宣的眼神、自在开怀的笑声和宽阔宏大的胸怀。当我需要在他人面前扮演成年人的角色时,这三位长者是我最好的榜样。

关于作者

    乔纳森·克莱门茨是 HumbleDollar.com 的创始人。此前他已出版了七本个人理财方面的书籍，其中包括《如何看待金钱》。同时，他也是美国最大的独立财务咨询公司之一 Creative Planning 的顾问委员会和投资委员会的成员。乔纳森曾在《华尔街日报》工作长达近二十年，并长期担任该报的个人财务专栏作家。此外，他还曾在花旗集团供职六年，担任花旗集团个人财富管理业务下的财务教育主管。乔纳森酷爱骑自行车，偶尔也喜欢跑步。他出生于英国伦敦，毕业于剑桥大学，目前已婚，有两个子女和两个继子女。乔纳森现居住在纽约市北部。

    如果您想要阅读乔纳森的更多文章，请移步 HumbleDollar.com，在此您可以追踪他的最新博文，订阅免费的月度简讯，还可以深度挖掘 HumbleDollar 提供的包罗万象的金钱指南，本书中所讨论的许多财务话题，在该指南中会有更多的详细论述。